はじめに

こんにちは。初めましての方もそうでない方もいらっしゃるかもしれないですが、「はじめに」って何をどうしたら、と数週間悩みつつ今この文章を綴っています。これから、私の日々の隙間にあった出来事をおそらく読んでくださるのかなと思うと緊張します。この先のページをしばらく白紙にしておきたいくらいです。

はじめに、って自己紹介みたいなものでいいのでしょうか。細かいことはこの先を読んでいただきご自由に解釈してもらうとして、ざっくり言うと私は、鍵をちゃんとかけたか心配になったら、たとえ寝る前だろうが家を出た後だろうが何度も確認しに行くし、熱いものをふーっと冷ます時に口笛を吹いちゃってお気楽な感じになっちゃうタイプの人間です。真面目なのか不真面目なのか、自分のコントロールがなかなか難しい性格な気がしています。

この本は、靴のブランドNAOT（ナオト）のオフィシャルサイトで連載されていたエッセイを一冊にまとめたものです。靴のブランドだから靴の話なの？　と思うかもしれませんが靴の話は出てきません。少しくらい書いたらよかったかなと思ったのですが、懐の深いNAOTの皆さんの「ご自由にどうぞ！」というお言葉に甘えて日々のなんでもないことや突然思い立った真面目話や昔物語などを綴っています。タイトルにある「隙間時間」は連載を始めた当時のタイトル。そして初めに頂いたテーマです。この言葉に頭を悩まされたり、新しい自分の考えを導いてもらったり、なかなか良いパートナーのような存在でした。

あなたの日々の隙間時間に、気持ちの隙間を作れるような気楽な存在になってもらえる一冊であることを願います。寝そべったり、お菓子食べたり、お楽にして読んでくださいね。

目次

隙間に寝る女

　こんにちは。今日からぽつぽつと言葉を繋げていきたいと思います。

「隙間時間」というテーマを頂いて、しばし考えてみました。気付くと、うつらうつらと船を漕いでいたんです。つまりは寝てしまったのですが、最初に浮かんだ隙間はまさに、「寝る」。

　急に時間ができたとき、私がやってしまうこと第1位。そして時に後ろめたさを感じてしまうのが、つい寝ちゃう、ということ。少し寝るだけで頭がすっきりしたり、日常のパワーチャージに繋がるので悪いことは言えないのですが、私はその頻度があまりにも多すぎる。つい「寝すぎ」なのです。

この原稿を書く今でさえ、さてどうしようかと考えていると寝ているのです。眠りに落ちた原因は様々。まず、ベッドの上に座って書いているということ、そして考えを巡らせている最中に猫が近くに寄ってきて寝始めたこと。午後のあたたかい日差しの中で、普段は甘える素振りをほとんど見せない我が猫が喉をゴロゴロ鳴らしながら近くで眠るのは圧倒的に眠気を誘う原因です。猫も寝そうな人間を察知して寄ってくるのでしょうか。と、猫のせいにせずしっかりしろ！　と自分を叩き起こしてこの言葉を綴っています。

しかし、いざあと2時間ある！　寝よう！　と隙間時間を寝ることに使おうと意気込むときほど、なんだか目が冴えてしまう。そして意地を張って目を閉じ、無理矢理寝ようとするけれど、満たされず時間は過ぎていく。隙間時間をうまく活用できる人が羨ましいな、それが私にとっての隙間時間の第一印象です。

これから隙間と向き合い、うまく使いこなせるようになりますように。まず、ベッドの上で原稿を書くことをやめようと思います。

収集癖のこと

隙間時間ビギナー、小谷実由。隙間時間にやりたいことへの準備には余念がないと思います。あれやろうこれやろう、はいろいろと考えているんです。実はそれを考えている時間が隙間時間、という事実に気付いた時は少しだけ思考が停止してしまいましたけども。

隙間時間にやりたいこと第1位、それは読書。本を読みたい！　たくさん！　私は収集癖がありまして、本をつい集めてしまうのです。日々古本屋さんに立ち寄ってはうちにおいで〜と心の中でつぶやきながらお気に入りを連れ帰っている……そして次に読む本予備軍が我が家にたくさん控えていくのです。ちなみに昨日も3冊買いました。

どうしてそんなに集めてしまうのかを考える。まずは、先ほども話したように収集癖があること。集まって、眺めて、安心して、生まれる多幸感という名の幸せ製造ラインが頭に組み込まれているようです。そしてふたつめは、何冊もの本を同時進行で読むこと。これに関してはあまりにも私は気分屋で、朝読みたいもの、帰り道に読みたいもの、寝る前に読みたいものがなぜか違う。学生時代は常時3~5冊を持ち歩いて肩こりに悩まされることもしばしば。故にあれもこれもと一度に連れ帰る本の数も増えてしまうのでは、という見解です。

学生時代は決まった隙間の時間があって、読書が規則的にできていたけど、大人になってからはそうもいかない。でも、わずかな隙間という隙間を見つけて読書をすることができるのが大人なのかもしれない、27歳の年齢的には立派な大人が遠い目で思っております。

一番避けたいのは読書をしていたら、寝ちゃう、だよね。振り出しに戻るのは嫌だなぁ。さて、背筋がやんわり伸びたところでいまから読書します。ちなみにいま読んでいるのは町田康さんの『くっすん大黒』です。

おにぎり

隙間時間こんにちは。未だ隙間時間と格闘している日々、でもそろそろ戦うのではなく仲良くなりたいと思い始めています。

こないだ丸一日お休みがありました。朝、突然思い立ったのは「今日のお昼ごはんは絶対に明太子おにぎりが食べたい」。外は、雨。普段の私だったら、何も用事がない日に雨というシチュエーションは確実に外へ出ることを渋るのです。

しかし、気付いた時には顔を洗い、着替えを済ませ、空っぽのリュックを背負い（エコバックの代わりです）スーパーへ向かっていました。しかも、まだ午前中。午前中のスーパーへ行くという、時間を有意義に使えているようなこの上ない優越感はなかなかのもの。是非みなさん体感あれ、おすすめです。

明太子と海苔を買い、もちろん夕飯の買い物も済ませ、長すぎて収まりきらないネギがリュックから顔を出しながら帰宅。そして米を研ぎ、炊飯器のスイッチをオン。ご飯が炊けるのは1時間後です。

もしや、この1時間が隙間時間……！　と気付くわけでもなく、何をしていたのかというと、今日という日のお昼ご飯を最高にすることに全力を注いでいた私は、インスタント味噌汁ではなく一から味噌汁も作るか！　とまたも突然思い立ったわけです。お湯に火をかけ、出汁パックをイン。さぁ具材は、蕪がまだ残っていたはず。蕪のお味噌汁、おいしそうだなぁ〜と意気揚々と冷蔵庫を覗くと、あると思っていた蕪がない。そしてあいにく味噌汁の具になりそうな野菜は万能ネギオンリー。さらに出汁がたっぷりの鍋はぐつぐつ沸騰を完了している。ひとまず、出汁は何にでも使えるので一旦保留でインスタント味噌汁を飲むラインに戻ることに。そして万能ネギは冷凍保存するべく全て刻むことにしました。ちなみに味噌汁にはインスタントで事前にネギが入っていても追いネギするほどネギ入りが好き派です。

そんなこんなで、お米が炊けました。明太子をたっぷり入れて三角おにぎり。欲張りなので特大のやつです。さて、ここまでお伝えしていませんでしたが、こんなにも全力を注いでいる今日のお昼ご飯はひとり飯です。自分自身による、自分自身のためのお昼ご飯。ひとりで食事をするときは、質素というか無関心になりがちな私ですが、年に1回ぐらいこうして全力を注ぐことがあります。そしてお味噌汁ですが、出汁でインスタント味噌汁を溶かし、ネギをたっぷり入れ贅沢スタイルでいただきました。もちろん味は格別。

あー、炊き立てご飯のおにぎりってなんでこんなに幸せなんだろう。おばあちゃんが作ってくれたおにぎりを思い出します。わざわざ炊き立てご飯で握ってくれていたなぁ。早く食べたい！　なんて文句を言っていた私、この一手間だけでだいぶ違うんだぜ。それがわかってなんだか少し大人になった気がします。

ちなみにひとつだけ後悔したことといえば、せっかくちゃんと三角に握れたおにぎりに巻いた海苔がだいぶズレたこと。私はいつもこういう惜しいことをする。まぁ食べちゃえばなんでも同じ。後悔は3秒で終わりました。

自分の書いたものを振り返る行為をすることがたまにある。それって照れくさいけど、突如俯瞰で自分を見ることができる機会でもある。自信を持ったり、絶望したり。この作業の最中に頭の中にいろんな自分が出入りして騒がしい。過去の振り返りが私は好きな方ですが、身近にこの作業が苦手な人がいます。なぜなのか理由を尋ねてみると、過去の自分に満足していないからだそう。なんなの、かっこいいね。そりゃ私だって満足してないですよ。でも、その時々の精一杯やった自分は讃えたい。最近少しずつ過去の自分を愛おしく思えるようになりました。そんな私は今、初回のエッセイぶりにベッドで原稿を書いています。やめるって誓ったはずだけど、今日はベッドに潜りたい理由がある。

今はまだ朝。といっても只今11時過ぎですが、通常何もない日なら朝ごはんを食べ終えて、さて顔でも洗うかなぁ、なんて時間。でも、今日の私は先を行っている。先を行き過ぎている（普段がのんびりぼんやりすぎるとも言う）。なんと朝6時半に起きて、出かける支度をして9時からピラティスに行ってきたのだ。撮影の時は朝がどんなに早くても這い上がれるけど、そうじゃない日の早起きはとても苦手。でも9時からしか予約が取れなかったので気合でやってみることにした。物は試し、そこにしか見えない聞こえない香らないものがあるのでは？　という勘が働いたのである。そう奮起したのは2週間前に予約した時の話で、今日の朝は過去の自分に後悔しまくり。でも一度やると決めたらやるのよ……と心の中で自分をビンタして、それでも起きない頭でバスに乗り込み、電車を乗り換え表参道へ……眠いよ～と私が嘆きながら登場しても、甘やかしたりしないピラティスの先生（いつも元気、そして早起き）に厳しく優しく励まされながら1時間のトレーニングが終わった。あら不思議、途中までは記憶がないけど気付いたら頭がばっちり冴えている。私、今ならなんでもできます。

帰り道、いい匂いに誘われて入ったパン屋さんでベーグルを買う。突然普段買わないものを買ったりするのも私のなんでもできるモードの特徴。間違いなく気分が、転換している。その後立ち寄ったのはスーパー。開店したばかりのスーパーで夕飯の買い物をするってなんともいえぬ清々しさですな……店内放送の普段は聞かない

「おはようございます！」も新鮮です。そんな時って夕飯のメニューもサクッと決まってしまうんだよね。今日は鮪のお刺身が特売です。まだ車が沢山走っていないからか澄んだ空気と新緑の香りもする。そして、再び別のパン屋さんから絶賛焼いてますよというパンの香り。いい匂い祭りで嬉しくて小躍りしそう。駅ではこれから一日が始まろうとしている人が前から歩いてくる、そこに逆流するもう一日がひと段落してしまっている私。早起きは三文の徳ってもしかしてこれか？

その後もクリーニングを受け取ったり様々なミッションをこなして華麗に帰宅。時刻は午前11時です。まだこんな時間なのに普段なら一日かかりそうな用事が全て済んでいる。私にとってこれはとんでもなくすごいこと。まだまだ余力があるし今日ぐらいは優雅にべッドで原稿を書こう。そのまま寝ちゃってもいいね。そんな思いで今に至ります。

しかし気付いてしまった、今日は夕方から仕事があることを。そのまま寝ちゃってもいいね。じゃありませんでした。家を出るまではあと数時間ある、でも私は寝過ごして遅刻することを恐れて寝れないのだろうな。しかし今晩はぐっすり眠れそうです。では、おやすみなさい。

隙間譚1　真面目ゆえに

――自分のこと、どんな性格だと思いますか？

おみゆ　真面目！　あと、考えていることが顔に出ちゃう。だから嘘がつけないんです。

――嘘をついたら周りに伝わってしまいますからね。

おみゆ　少しでもこれは違うなとか嫌だなと思うことをするのが苦手。たとえば、仕事でオファーを頂いたとき、自分が力を発揮することが出来ると思えたらお受けしたいけど、ちょっとでも出来ないかもと思ったら、別の方にやってもらったほうがいいんじゃないかと思ってしまう。「出来ない」「違う」と思いながら仕事をするのは一緒に仕事をしてくれる方々に失礼だし、なるべくプラスの気持ちだけを持って仕事と向き合いたい。自分の好きなことを仕事にしているからこそ、いつでも風通しが良い気分でいたいんです。

自分の気持ちに嘘をついたら、一緒にお仕事をしてくれる人にも、いつも応援してくれている人にも嘘をつくことになると思うし、今まで積み重ねてきた過去の自分にも嘘をつくことになると思っています。

――真面目さが伝わってきて、自分なりの筋の通し方があるんだなと思いました。

おみゆ　仁義とか、義理人情みたいなものを大切にするような考えが、昔からある気がする。たぶん両親や祖父母の影響が大きいのかもしれないです。両親が共働きだったから、幼いころからおばあちゃんっ子だったんです。学校から帰ってきて、親が帰ってくるまでいつもおばあちゃんが家に来て一緒に待っててくれて。塾に行く前に食べれるように夕飯を作っておいてくれたり、夜遅くなる時は迎えに来てくれたり。それなのに中学生の時は思春期特有のイライラをおばあちゃんにぶつけてしまったりもしてました。でも、おばあちゃんもちゃきちゃきの江戸っ子だからか口が達者で、言い合いになったりしたことも何回もある。今となっては楽しい思い出ですけど、そもそも中学生なんだから、住んでる場所も近いんだし、来てもらうんじゃなくておばあちゃんの家にご飯食べに行きなさいよ、とか自分でご飯作れるでしょ、なんなら親の分も作りなさいよって感じですよね。いやー、本当に、おばあちゃんあの時はチクチクしちゃってごめんねって感じ。実家を出て頻繁に会えなくなった最近は、よく長電話してます。友達と電話してるみたいに「別になんも用ないんだけどさ～」とか言いながら声が聴きたくなって電話しちゃう。

――その頃、親やおばあちゃんが伝えてくれていた言葉とか行動とかありますか？

おみゆ　親にはちゃんと「ありがとう」を言いなさいって言われていました。誰に対しても、些細なことでも「ありがとう」を言い忘れると怒られましたね。お父さんに駅まで車で送ってもらって、何も言わずに降りて行ったりすると、帰ってから怒られたりしたなぁ。なんでもやってもらって当たり前だと思うなというようなことをよく言われていた気がします。でもそれくらい細かく言ってくれていたからこそ、気にするようになったし、よかったなと思ってます。あとは帰る時間が遅かったりして怒られたりはしたけど、唯一覚えているのはそれくらいかなぁ。そうやって言われたのって、私が一人っ子だったからですかね。おばあちゃんも優しかったから余計に。でも、14歳で事務所に入ってモデルの仕事をはじめることになった時は一切反対されなかったし、むしろ家族全員応援してくれました。お母さんに言われたことは、「自分がやらなきゃいけないこと（学校に行くとかテストを頑張るとか）をちゃんとやるならいいよ」でした。いま思えば、やらなきゃいけないことをちゃんとやるって、本当に難しいことですよね。

——仕事をしているおみゆさんに対して家族の反応はどうですか？

おみゆ　お母さんとは毎日のようになんでもないことも、そうでないこともメールしていて、私の仕事もいつも見てくれています。インスタとかもめっちゃいいねしてくれる(笑)。私は公開された仕事をわりとすぐ報告するタイプなのですが、最近「○○の文章よかったね！」って私が報告する前に見つけて読んでくれたりして感想をくれるんですよ。お母さんは私の中ではなんだかシャイな印象で、あからさまにすごく褒める！　みたいなことをあまりしない人だったので、嬉しい反面ちょっと照れ臭さもあります。自分が話している以外の心の内を一番身近な人に知られる緊張感みたいな。でも、尊敬する人は？　と聞かれたら必ずお母さんと答えるので、やっぱりそんな人に褒められるのはすごい嬉しいことですね。

――家族の応援が力になっているのかもしれないですね。

おみゆ　そうですね。仕事が増え始めた頃、家族がすごく喜んでくれたのを目の当たりにしたとき、自分が「仕事ができて嬉しかった」ということより、家族に喜んでもらえたということの嬉しさの方が大きかったのが個人的にびっくりしました。人に喜んでもらうことでこんなにも嬉しくなることがあるんだ、みたいな。それが今は、家族はもちろんですが、友達もだし、応援してくれる人もいて、みんなに喜んでもらえて嬉しいなという気持ちにパワーアップした感じ。だからこそ、中途半端な気持ちで仕事を選びたくないって思うのかもしれません。自分のことを見てくれてる人がいつもどこかに必ずいるということは絶対忘れたくないです。

――とっても素敵な話。真面目でよかったな、おみゆさんらしいな、というエピソードが聞けてよかったです。真面目すぎて面白い結果になったなんて笑い話はないですよね（笑）？

おみゆ　結果、真面目でよかったと安心することばかりで笑い話はないんですよね……。ここですごい大ボケエピソードとかあったらいいなぁといつも思うんですけど、真面目ゆえに物事に慎重すぎて何もない（笑）。

――他に真面目だなと思うところってありますか？

おみゆ　何か選択を迫られた時に、過程が辛そうなほうを選びがちなんですけど、これも真面目だからですかね？　もちろんその過程での経験が自分のためになるというのが大前提だけど、自分がやり慣れた方法でいつも通りの結果を残すのと、少し険しい道でもそれを乗り越えることができたらいつも以上の結果が出るほう。頑張れそうなら、険しいほうをひとまずやってみていいですか？となるんです。

――自分のためになるならやってみる、という。

おみゆ　努力はできる限りしたいと思う。やってみたいと思うことのためなら、たくさん考えたり、経験を重ねて、実現したい。いつ死ぬかわかんないじゃんってよく思っているんですけど、毎回の仕事もこれが最後かもと思ってやりたいです。大袈裟かもしれないけど、今日眠って、もう目覚めなくても悔いないわーって思えるような、それくらいの心持ちでいたいですね。いつでも全力でやらないと気が済まない質です（笑）。

——気付いたら性格の話が仕事の話にすり替わっていました（笑）。

おみゆ　本当に、基本的に私は仕事のことばっかり考えてますね。オンオフなしだな……。

——今のおみゆさんは、24時間仕事のことを考えていて苦じゃなくて、しかも考えていることが仕事になっている。生きること＝仕事という感じがします。

おみゆ　24時間考えていても疲れないです。なんか大丈夫ですかね！　どうするんだろう、この仕事ができなくなったら……。でも、きっと今の仕事ができなくなっても、何か自分の頭の中から出てきたものを使ってまた新しい何かをするんだろうなと思います。仕事のことを考えてないほうが今は苦しいかもしれない。そういう存在を仕事にすることができているのがありがたいなと、改めて思いました。

メモ

なんだかこの文章たちは日記みたいだな。これでいいのかしらなんて少し心配になるくらい内容がのらりくらりとしている気がします。でも、普段の私は準備万端ガチガチで臨んでいることが多いので、たまにはのらりくらりとしてもいいのかなぁ、隙間にゆるりと余白を与えていきましょうというスローガンでやっていこうと思います。

私はふと思ったことをメモする癖があるのですが、ふと思ったことって隙間時間なのでは！　と思います。考えようとすると浮かばないのに、ふとした時に浮かぶことって、おお……！　と我ながら感嘆することがたまにありませんか。それって大抵机に向かっているときじゃないことが多くて、でも、覚えておきたい！　と思ってひとまずスマホにメモするわけです。以前、こんな話をどこかでした際に、同じようにメモしている人が周りにも結構いて、いろんな人のメモが見たくなりました。

みんなはどんな瞬間にふと思いつくのだろう？　私は、シャワーを浴びている時です。湯船に浸かっているときじゃなくて、シャワーのとき。シャワーが頭になんらかの刺激を起こしてくれているのかしら、お風呂のように周りに何もない場所は雑念が削がれていろんなことが浮かびやすいのかしら、お風呂で書けるホワイトボードみたいなやつ（子供の頃ありましたよね？）を導入しようかと度々思うくらいの頻度で何かが浮かぶことがあります。あ、いま流行りのスマートスピーカーを導入して、代わりにメモしてもらうのも良いかもしれない。でも、自分の脳内の言葉をスピーカーに向かって口外するのってとても恥ずかしい。脳内で産まれた言葉は半分空想のようなもの。それを口にした時になんだか現実という空気に晒されて鮮度が落ちそうだ、気持ちが冷めそうなのでやめておこう。軽くメモをすることすら難しい場所でひらめくことほど歯がゆいことはない。せめて歯を磨いてるときに思いつくのがよかったなぁ。

思いつくことのジャンルはいろいろ。圧倒的に多いのは人様の前では発表できないような恥ずかしいシリーズ、わかりやすく言うと自分を奮い立たせる言葉シリーズです。いろんな人のメモが読んでみたいなぁとか勝手なことを言ったけど、自分のメモは棺桶まで持って行こうと思うぐらい秘蔵アイテム。みなさんのメモも同じくしてそんな存在であることを願っています。

たまにメモを整理がてら読み返すと、そうよね……！　と励まされたり、熱量がすごすぎる謎の文章で頭に？が浮かんだり（そのときはすごく面白かったからメモしたんだと思う）、すっかり忘れていたからなるほどー！　と新しいアイディアになったりする。総じて楽しい気分になっているから、良い癖だと思います。これは過去の自分からのラブレターなのかも。厳しかったり、恥ずかしかったり、優しかったり。いろんな自分から届くラブレター。

せっかくなので、ここでひとつ披露を……と思ったけど、無理でした。やっぱり棺桶まで持って行こう。門外不出。

メモ
平成27年12月22日 16:35
なんにもないところでつまずくとめっちゃ早足になるよね、そうよね、

メモ
平成31年3月25日 1:57
早く明日の朝になって目玉焼きが食べたい

メモ
令和2年8月18日 13:22
簡単だよと言われてもどうしても手を出せない物
トマトの湯むき
青色申告

旅行ロス 序章

隙間時間をうまく使えたら、それを考えていたら隙間時間が埋まっていた、まだまだそんなレベル0・5くらいの私です、こんにちは。

3連休を使って旅行に行ける人が軽やかですごく眩しい。

私は、旅行の楽しい思い出を引きずって寂しくなる「旅行ロス」になるのですが、3連休を使って旅行に行ったとしても、連休明けすぐさま日常に戻ることはとても厳しい試練なのでは……と思う。

そんな傷口に塩を塗るようなコントラストの強い現実と非現実の対比はちょっと耐えられないかもしれない。でも、私だって突然現れる非現実な時間を体感したい！　どっちにしろ、いつ旅行に行ってても毎度必ずロスになるんだから行ってみたらいいのに。

旅行ロス

先日久しぶりに旅行へ行きました。行き先はシンガポール。6日間の旅だったんだけど、今思い返すと体感時間は3日くらい。私の頭の中の時空が、歪んでいる……！　スケジュールをばっちり組んで忙しくばたばた過ごしていたわけでもなく、ゆったり思うままに動いていた感じの日々だったのに、ついこないだ到着したかと思えばもう最終日になっていました。楽しい時間はあっという間とよく言うけれど、まさにそれ。

そして私はただいま旅行ロス真っ最中です。旅行が終わるといつもやってくる恒例行事「旅行ロス」。ちなみに今は帰国してから5日目。これ、いつまで続くんだろう。どの程度かというと、シンガポールで撮った写真を寂しくなってしまうので直視できないくらい。これはもう失恋と同等の扱いかも。

今回の旅でよく考えていたのは、「もしもシンガポールに移住したら……？」ということ。別にどこかに移住したい！　という気持ちがいま現在あるわけじゃないけれど、シンガポールに住んでいる友人からリアルな日常生活の話を聞いていたら、ついそんなことを考えました。バスやタクシーから外を眺めて、さてどこに住もうかなとか（妄想しているだけだから金銭面のことは全く考えていない）、ムスタファセンター（インド人街にある24時間営業の広大な広さのスーパー。なんでもある）を全フロア制覇できるなぁとか、SEPHORA（日本になぜないのと思ってしまう、お化粧品天国なお店です）に毎日行けるぞとか、でも結局家で作るご飯は和食だろうなぁとか。近い将来、本当にそんなことがないとはいえないかも……？　とか。ありそうでなさそうな、でもありかも？　な未来をぼんやりと考えながら過ごしました。

ふわふわした思考を巡らせていたこと以外は何をしていたかというと、趣味であるアクリル製櫛の収集に奔走したり（おそらく50本ほど購入。こんなに購入した理由は帰国後に仕事で使用するためだったけど、そのうちの半数以上は私物コレクション用へ。シンガポールではなぜか魅力的な櫛が沢山見つかる）、現地の人には生活の中で当たり前にあるような（わかりやすくいうと実家にありそう、みたいなもの）鏡やノスタルジックなデザインのノート、手ぬぐいなどの日用品を現地の友人の情報を頼りに買い集めていました。それらは、ショッピングモールというより町中の昔ながらの雑貨屋にある……。しかも、堆(うずだか)く積み上げられた商品たちの奥底に埃を被り眠っているものが多い。ごっそりと買い物カゴに懐かしさと新しさが入り混じるお宝を入れ、ニヤニヤとお会計を待っている邦人女性を見てレジ打ちの人はとても不思議だったと思います。その他は、好きな床のタイルや花などを見つけては写真を撮り（見返すと本当に人よりもそんなものばかりで、次回はもっと友人や夫を撮ろうと思いました）、面白い看板や銅像を見つけては物ボケに勤しみ夫に写真を撮ってもらう。歩き疲れて突然眠くなればカフェで白目を剥きながら眠り、日本では絶対入らないプールにも新品の水着をわざわざ準備して挑んだ。そして誰もいないプールで平泳ぎ。思えば、たいそう羽を伸ばした6日間でした。ここまで読むといつもの日常がとても窮屈そうな感じに思えるかもしれないですが、普段出てこない根明な部分が顔を出していただけなのです。本当はどこにいたとしてもこんな自分に頻繁に出会いたい。そうそう、今回は6日間のうちに1泊だけマレーシアにも行きました。島国日本育ちの私にはバスで知らぬ間に国境を越えたことも、空港以外での出国・入国体験も「え？　これでいいの？　合ってるの？　大丈夫？」が頭の中にいっぱいの緊張体験。異国から異国へ、そりゃ頭の中の時空も歪むね（ちなみに日本との時差は1時間です）。

旅行って、私にとってはとても非現実な事柄。旅行をしている数日間のことを、私はずっと眠っていて夢を見ていただけなんじゃないかと、帰ってくると途端に思う。そのくらいあまりにも日常生活の自分とはかけ離れた遠い場所にある時間をいつも過ごしている気がする。みんなはどうやってこの旅行ロスで生まれる日々の溝と折り合いをつけているんだろう。そもそも、旅行ロス、する？

そんなこと言って、ケロリと「やはり日本がいいよねぇ」とか1ヶ月後には思っていたりして。だって、いつも気付かぬうちにロスは消えている。でも、また旅行に行けば繰り返す。

リカバリー at 風呂

今日は朝から撮影。珍しく衣装を変えて変えての20カット以上の撮影でした。今朝は寒くて布団からなかなか出られず（冬の風物詩ですね）、「帰ったら絶対好きなだけ寝てやる……!!」と何の親の仇だよぐらい誰に当てるわけでもない恨み節を抱えながら布団から出ました。撮影が終わったらヘトヘトかと思いきや、カット数が多いほど燃えるタイプの女なのと、たくさん素敵な服を着て嬉しくて楽しい撮影だったので結果そんなに疲れず帰宅。そんなわけで今これを書いております。でもね、気が抜けたらやってくるんだよね。なんか眠いなっていうあれ。其奴の正体はまさしく疲れです。

そんな疲れを労りたいとき、私はひとまずお風呂掃除をします。そして、浴槽にたっぷりお湯を溜める。その間に、寒くなると買い集める使い切りタイプの入浴剤を並べて、さて今宵はどれにしようかと思案を始める。最近のお気に入りは〝きき湯〟。名前の如く効いている感じがするのと（単純）、子供のころに温泉の素を入れてお風呂に入って感じていた、ちょっといつもと違うあの気持ちを思い出して、心もなんだかじんわり温まるわぁとなるので。人間思い込みが大事な瞬間って案外多いものです。

さて、お風呂の準備が整ったらあれです、お風呂に浸かりながら読む本選び。カバーやしおりなどはちゃんと外して持ち込むのが鉄則（以前しおりを挟んでるのを忘れてページをめくったらしおりが入水した経験あり）。最近気付いたことは単行本は向いていないということ。

あまり単行本をお風呂に持ち込んだことがなかったけれど、岸本佐知子さんの『死ぬまでに行きたい海』を買った日に待ちきれずお風呂で読んだ後、本を横から見るとなんだか全体的に湿気て少し膨らんでいた。ヘコんだ。5分後にそれも私だけの本の味ってことで！と思い直した（またも単純）。しかし、以後単行本はお風呂に持ち込み禁止にしています。そんなわけでこんな準備段階を経て、いざ入浴。放っておくと1時間ほど入ってることもしばしば。ふやける。

お風呂って私にとって一番頭が働く場所で、ひらめきが起こりやすい場所ナンバーワン。突然シャワーに紛れてひらめきが頭に直撃してきたとき、忘れないようにメモが取りたい……！と思う。かれこれ数年、お風呂で書けるホワイトボードというものを導入したいと考えているいる話をいろいろな場所でしているのですが、まだ買ってないです（現実はいつもお風呂からタオル1枚で大慌てで出てきて紙かスマホにメモする）。お風呂に作業スペースが欲しいという奇天烈なことも思っています。ホテルのようなあんな広いバスルームが家にあったら作業机を置きたいという果てしない夢。家族へ、私の部屋はバスルームの中でいいよ。

そんなくだらないことを考えたりひらめいたり、本の世界に没頭したりしていると、入浴剤の効果が現れてくるのでメキメキと回復して明日も頑張れるのです。お風呂でゆっくり過ごすって、大事なことよ。

さぁ今日もそろそろお風呂掃除しようかな、今夜はお風呂から出たら梅干しうどんを作ってすすります。珍しくひとり晩ご飯。そういえば、私のひとりご飯メニューってかなり適当なんですが、その話はまた今度聞いてください。

喫茶時光

閃光という言葉は、あっという間に過ぎる時間のようなイメージがある。時間が過ぎるのが惜しいと感じることはまだあまりないけれど（そのうち一日が過ぎることすら惜しくなる日がやってくるのかなと思うと気が滅入る）、楽しい時間が過ぎるのが早すぎることについて切なくなるのは子供のころから。遊園地に行くと、入場と共に帰る時のことを考える現象。これって誰でもそうだとずっと思っていたけど、これを話すとみんな不思議そうな顔をする。大人になった今はそんな現象は薄れてきたはずだったけど、昨今、私の頭を度々支配する旅行ロスはそれに近いのかもしれない。

最近の閃光的時間は、昨日。喫茶店でちょっと読書をしようかなと思い立ち寄った時。ここはジジロアというコーヒー味のババロアが名物メニューの喫茶店。ジジロアはいつも食べているから、今日は久しぶりにババロアを食べようと思いママさんに聞いてみた。その時15時半。残念ながら絶賛製作中らしく、出来上がるのは17時とのこと。今日はそんなに長時間いるつもりではなかったので、諦めることに。静かな店内でたまに聞こえるママさんとマスターの他愛もない会話を耳に挟みつつ、シナモンコーヒーを飲みながら読書をしていると、そこに常連さんがやってきた。そこから始まるママさんと常連さんの日常会話。そんな会話に気を取られながらも読み始めた本も面白くて、本の閉じ時がわからない。ママさんたちのお正月の話、本、ママさんたちの近所の人の話、本……時計を見るとあっという間に16時45分。あと15分待てばババロアが食べられるじゃん！　と思ったけど、すっと席を立ってお会計をした。楽しみは後に取っておくタイプです。ババロアを食べるという理由でまたすぐにここに来たいし、閃光の尾を引いて、できるだけ余韻を残しておきたかった。しかし時計を見て、え！　となった時間の流れは久しぶり。面白い映画をあっという間に観終わってそれが3時間を超える長編だった、くらいの驚き。

毎日閃光が走っていたら、あっという間に年月が過ぎるけど、それはそれで思い返したい余韻がたくさんあって幸せかもしれないなあ。楽しい時間はどうやら体感時間が早いと決まっているらしいし（私調べ）、それならばその瞬間を増やすしかないんだろうな。たくさんいろんな楽しみが味わえていいかも。でも、そこからじっくりもう一度味わいたい時間が出てくるんだろうな。人生の最後にそれがもう一度おかわりできるシステムがあったらいいのにな〜！

隙間譚2　武装に近い

——気合いをいれるために買ったものってありますか？

おみゆ　シハラのネックレス！　一昨年の秋くらいに試着するだけ……と思い、いざ着けてみたらすごくかわいくて「わ〜、欲しいなどうしよう」とスイッチが入ってしまい、はじめは買うつもりなかったんですけどね、理由をつけて買ってしまいました。

——どうしても欲しくなってこれは買った方がいいと思う時ありますよね。

おみゆ　理由がないと何も決断できないので、これを買うからには頑張らないといけないな。このネックレスを買うのはその気合いをいれるためだ！　と思うことにしました。

——ちなみにその時に思い浮かべた頑張ることって何ですか？

おみゆ　仕事！

——即答ですね（笑）。

おみゆ　仕事を頑張ることで他のことにも良い影響が及ぶタイプなので……（笑）。

——その時にイメージした仕事ってどんな仕事でしたか？

おみゆ　たくさんの人の目に触れる仕事や、憧れている人に少しでも近づけるような仕事。でもすぐにそういうことに発展することは難しいから、そのために普段やっていることを、もっと頑張ろうと思いました。自分を発信する方法を見直すとか、頻度を増やすとか。

——おみゆさんはSNSでコンスタントに発信していて、内容が新鮮で、しかも情報量が多いですよね。情報収集やインプットはどのようにしているのでしょうか?

おみゆ　インプットをしようって考えながら、何かをするのが苦手で。自然に頭に入ってきた事じゃないと使いこなせないので、いつも思いつきみたいな感じです。やるぞ!　と意気込んで何かすると、頭が準備してしまって想定内のことしかできない気がするんですよね。自分が最初に思った「こうなるんだろうな」というところを無意識に目指してしまうんです。だからたぶんインプットしようと思わないし、思えない。

——発想の素や思考パターンを知りたいという方は多いと思います。

おみゆ　ずっと好きなことを追いかけ続けている感じ。好きなものって全部つながっているんですよね。高校生の頃から、好きになったものの関連、の関連、の関連、みたいな感じで深掘りする傾向があって。いろんなものが繋がってる綱を引っ張りながら興味があることを見たり聴いたりしていたら今に至るという感じです。

――好きなものってすぐに分かるものですか？

おみゆ　自分がめっちゃ好きだ！　と思うものって、初めて出会った時に「これだ!!」と頭の中に何かが走るんです。〞好き・嫌い〞って感覚的なものだから、〞好き〞を探しに行くというより、偶然出会って好きだと感じるものだと思います。

――インプットではなく、偶然出会うものですね。

おみゆ　そうですね。万博記念公園を好きだと思った時もそうでした。残されていたパビリオンや展示を初めて見て、こんなすごいものを作り上げる情熱を持った人たちが存在したということに感動して、すぐに好きになった。

――今までで一番「これだ!!」って思ったものはありますか？

おみゆ　トーキング・ヘッズの『ストップ・メイキング・センス』！　22歳の頃、仲良しのスタイリストさんの家に行ったらたまたまテレビから流れていて「これだ!!」と思いました。それまでトーキング・ヘッズのことなんて全然知らなかったけど、すぐにＤＶＤを買いました。

――行動が早いですね！

おみゆ　それからは『ストップ・メイキング・センス』から自分に落とし込めるものは何かないかとずっと考えていました。ファッションを真似したり、レコードとかのパッケージ化されてるものを買い集めたり、公開時のパンフレットとか資料になるものはできる限り全部拾いたいって今でもずっと思い続けてる。とにかく作品にまつわることは少しでも多く知りたいですね。そんな気持ちを抱き立ての22歳の私はというと、とにかく好きすぎるというこの情熱を、スニーカーにロゴを描いて履いたりして満たしていました。Tシャツとかも探したけど、その頃は値段があまりにも高くて買えなくて。でもどうしてもTシャツにして着たかったので、自分でジャケットの絵をトレースして描いたものを作ったりして着ていました。「好きを持ち歩きたい」っていうことをよく言っているんですが、好きですっていう意思表示の一環かも。

――好きを持ち歩けば、周りの人からもよく分かるし自分の目にも入りやすいですよね。

おみゆ　たしかに、「これだ!!」って思うものは着火剤みたいな存在だから、そばにあると頭がフル稼働する気がするんです。『ストップ・メイキング・センス』は今でも何かひらめきたい時に頭の回転を早くしたくて見ます(笑)。

――他に着火剤のような「これだ!!」というものはありますか?

おみゆ　エッセイですかね。人の文章を読んだりしていると、うおー！　自分の気持ちを文章にしたい！　となる。そういう気持ちを常に持っていたいから、読む本もエッセイが多いんだと思います。

――なるほど。好きなものに出会う準備は万端なのかもしれませんね。

おみゆ　「これだ!!」って、全神経がその存在を肯定したい！　みたいな気持ちになれる瞬間をいつも待ってます！　偶然を、こうして出会ったのには何かしら意味があるって思いたいんですよね。あの日にたまたまあそこを歩いていたから出会った、というものを大事にしたい。勉強したりインプットしたりすることで突然出会うこともきっとあると思うけど、日常の中に潜んでいるばったり的な出会いが私は好きです。

――シハラのネックレスにもばったり出会ったと言えますね。

おみゆ　たしかにそうですね。そして例によって運命を感じてしまうという（笑）。

　あのネックレスは、理想の自分になるためのお守りみたいな存在にもなるかもと思いました。アクセサリーだけじゃなくて服もそうだけど、こういうものが似合う人になりたい！　って思って、それを身に着けることでそこに自分を合わせにいく癖が昔からあるんです。特別な時ほどそんなお守り的なものを身につけます。これはたぶん、武装に近い（笑）。

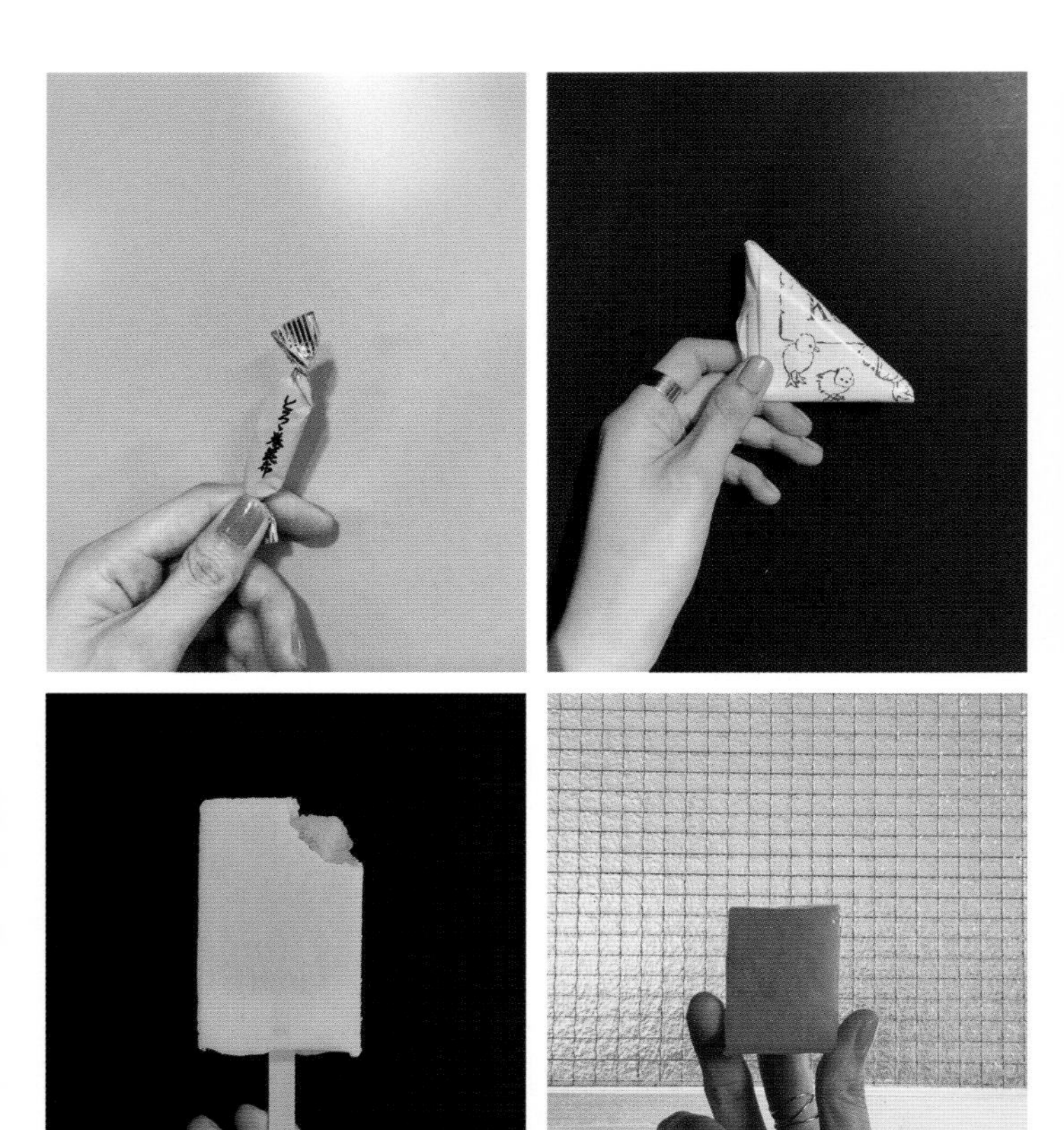

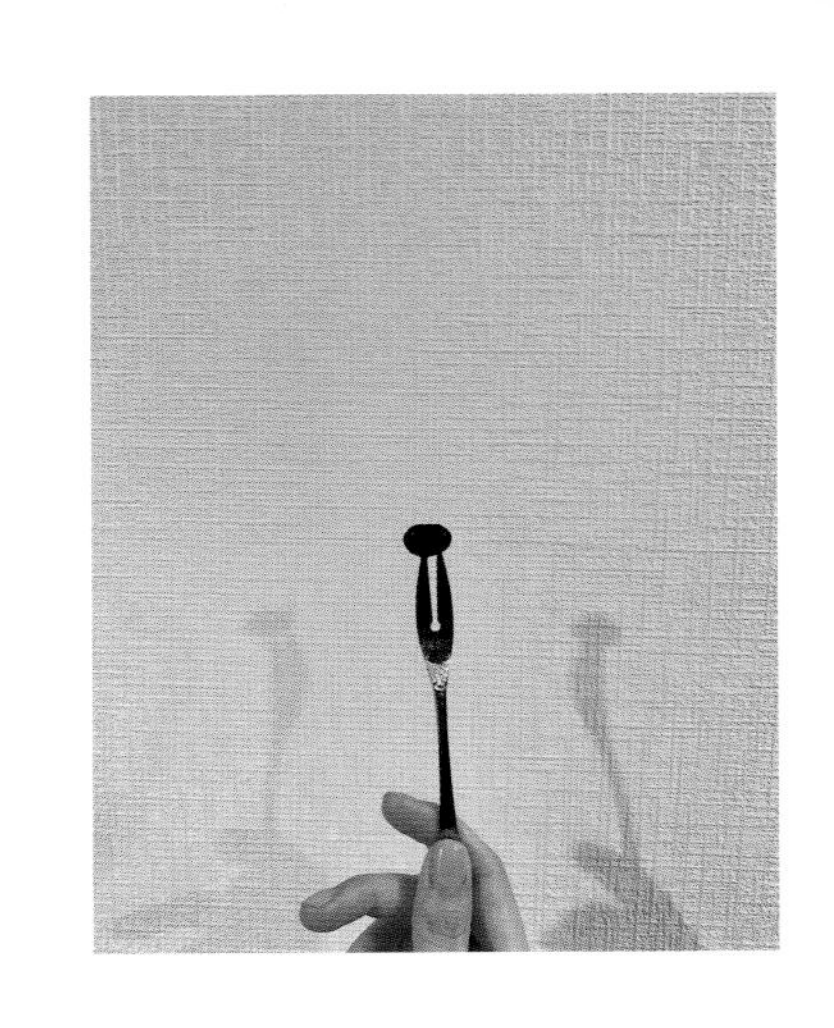

日を綴る記

1ヶ月ほど前からやり始めたことがあります。それは日記をつけること。中学生の間は毎日ずっと日記をつけていた気がする。それが唯一続いた日記。大人になってから幾度となくチャレンジしたのですが、いつの間にかフェードアウトしてつけなくなるということの繰り返し。三日坊主とはこのことです。一方で毎日慌ただしいからそんな時間ないよ～なんて言い訳をしながらも、いつもフェードアウトしてしまい自分に後ろめたさを感じるばかり。

さて、中学時代の私の日記はというと、気になる先輩のこと、好きなバンドのCDの発売日が待ち遠しいこと（ご丁寧に毎日カウントダウンしていた）、テストが嫌だなぁなんていう嘆き、そんな単純な毎日で埋め尽くされていました。もちろんそれもかけがえのない日々の記録なわけで、大切な思い出。しかし言い切れることは、あの頃よりも大人になってからの日々のほうが確実に未来の自分が「この瞬間の気持ちを鮮明にメモっといて欲しかった……！」と言ってくるであろう体験が多いのでは……⁉　ということ。先日、取材をしてもらったときに「最近面白かったこと／怒ったことはなんですか？」という質問に全くうまく答えられず、落ち込むという出来事が起こりました。感覚では覚えているのに、頭の中に言葉が見つからない！　そんなもったいないことあってはいけないないなぁと反省。そんなわけで今回また日記をつけ始めました。

何度目かわからない再トライ。まず日記帳としてお気に入りのノートを使う決心をして（形から入るタイプ）、朝でも昼でも寝る前でもふと思ったときに書くことができるというルールを設けました。あとは、必ず家で書くということも（赤裸々なこのノートを外に持ち出すことは恐ろしくてできない）。今日日記つけるの忘れちゃった！なんて日も、まぁいいか～と思いながら自由にやっています。今回は順調。読み返してみたけどいまのところ、食べ物のことが多い。美味しいものを食べたときの記録みたいになっているので他のこともちゃんと書こう。毎日嬉しかったことと、悲しかったことも書くようにしています。内腿が痛いとか、髪の毛からずっと干し椎茸の匂いがする（なんで）など、悲しかったことのハードルは低め。嬉しかったことは沢山の友人と集まって晩ご飯を一緒に食べたなど、やはりご飯の話が多めです。

自分の気持ちを綴る時間って、ぎゅうぎゅうになった頭の中に隙間を作る時間かもしれないです。これもまたある意味、隙間時間かしら、なんて。

隙間の猛者

　フラフープをしている隙間時間に何をしているか。最初は回すのに精一杯だったけど、気付いたら無心で回せるようになり、テレビを観ながらぼんやりやっていました。この時間をもっと何か有意義に使えるのでは⁉　と考えた末、やってみたことがスマホを見ながら回すこと。日々スマホゲームを延々とやってしまう自分にうしろめたさを感じていた頃だったので、フラフープを回している間だけはスマホでゲームをして良い！　なんて自分ルールを作りながら。そして、最近は読書をしながらやっています。文庫本、単行本と持つ本のサイズアップに成功しているので、そろそろ雑誌もいけるかもしれないと思っている今日この頃です。

パーマかけたよ

髪型を変えるのは勇気がいるものです。6年ほど前、私の髪は腰のあたりまである超ロングヘアでした。続けるという行為は自分にとって何か自信になるもの。信念というか、強い意志というか、そんな意識に直結する。学生の頃から特に習い事を長くやっていたわけでも部活を頑張っていたという記憶もないなか、今の仕事と髪を伸ばすという行為は28年の人生の中で長く続けていたなぁという感覚が唯一あるものです。

そんな伸ばし続けていたロングヘアも、仕事の都合などで長さを調節していき、心境の変化なども相まって、いつのまにやら肩に触れるか触れないかの長さになりました。髪型を変えることじゃなくても、続けてきたことをやめることって今まで培ってきた自分が壊れそうですごく怖いと常々思う。まぁ、髪は伸びるものだし超ロングヘアから10㎝切ったところで案外誰にも気付いてもらえなかったけど、自分の中では大事件でした。切るまでは嫌だなぁとぶつぶつ文句を言っていたけれど、いざ切ると気分が変わって気持ちが良かったのを覚えています。

なぜ髪型の話をしているかというと、そのロングヘアを切ったくらいの大事件が私の髪にここ数ヶ月で起きたからです。人生初のパーマをかけました。お仕事でヘアメイクさんにゆるく髪を巻いてもらうのが好きで、毎日この髪型だったらいいのになぁと思いながらのパーマをかけたい願望はかれこれ3年ほど前から。なんだかどうにも野暮ったかったいつもの自分が、髪を巻いてもらうと少し垢抜けたように思えて嬉しくて、こんな感じもいいのでは？　と思い始めたのでした。しかし変化を恐れる気持ちで足踏みをし続ける毎日で時間は過ぎていき、やっとこさの決心。ロングヘアを短くしたとき以上の衝撃と、世界の変わり様で、なんでもっと早くやらなかったのだろうと今では思っています。タートルネックなど首元にポイントがあるような服が突然似合うようになった気がしたり、プライベートではメイクは口紅を塗るくらいだったのが、アイメイクもしてみようかなと思ったり、そうすると化粧品もいろんなものが気になりだし、頭の中が今まで興味が向いていなかった方向に向き出して大忙し。こういう楽しみ、中学3年生で初めてメイクをした時ぶりかもしれない、初心に戻る気持ちです。

そんなわけでここ最近の大変化をもたらした髪型の話でした。きっとしばらくパーマは続けるのでしょう。パーマヘアで与えられた髪への隙間って、日々の時間に隙間を与えることと同じくらい私には大事だったと気付いたよ。何年後かはわからないけど、次はぎゅんと首に隙間を与えるショートヘアかもね。

髪切ったよ

先日パーマをかけて、わーい！　なんて小躍りしていました。しばらくは続けるなんてこともものんきに言っておりました。そこから3ヶ月ですか？　書いてる私が一番驚いています。今の私は首にぎゅんと隙間を与えたショートヘアです。人生何が起きるかわからない、女は移り気。何とでも言えますが、今回はなぜ髪型をガラリと変えたのかお話します。

6月27日、朝早くから撮影があったので早起きでした。私はいつも絶対に起きなきゃいけない時間の45分前から15分ごとに目覚ましを鳴らします。これ起きられない人の典型ってよく言いますよね。起きられるか不安だからこそ細かく目覚ましをかけちゃうので、それって大当たりだと思います。でも、稀に1回目の目覚ましでばっちり起きれることがあって、そんなときは起き上がらずに布団の中で考え事をします。この日もそんな感じだったのですが、頭のどこからか、ふと「この髪型飽きたな」と私の声が……！　確かに薄々マンネリを感じていた昨今。何度かそんなことは思いつつも夏はこの髪型で過ごして、変えるとしたら秋かなぁ、なんて考えることの繰り返しでした。しかし、今日はなんだか違う。今すぐ変えたい！もうやだ切りたい!!　じゃあどんな感じにする⁉　と頭がぐるぐる回転し始めたのです。早朝、家を出る準備をしながらも髪型検索の鬼と化した私。あーでもない、こーでもない、これはまだ早い、これはちょうど良いかも、そんなこんなでスマホの写真フォルダが素敵な髪型スクリーンショットの宝庫となっていきました（土岐麻子さんと安藤サクラさんの髪型がとても好きです）。

撮影の合間も頭の中はニューヘアーの構想でいっぱい。撮影の後、今までの髪型遍歴を見守ってきた友人に会って相談。友人の大賛成も得て、髪型変えたい欲は加速するばかり。この段階では夫にも、マネージャーにも相談していなかったので「やっぱやーめた！」なんていつものように寝返ることはいつでもできたのですが、驚くことに寝返りたい気持ちは1ミリもなし。新しい髪型になった自分を想像してひとり浮かれるばかりでした。ただ、反対意見がどこか出たらすぐに寝返っちゃうかも……みたいなぐらぐらと揺らぐ心も持ち合わせていました。そんな時、偶然会ったある人物が私に追い風を起こしてきたのです。

それは同じ生年月日の親友、miidaの沙田瑞紀でした。彼女は、私の母がパッと見た瞬間、間違えそうになるくらい容姿が似ている双子のような存在。そんな彼女はロングヘア。の、はずが、なんとショートヘアになっている！！！　聞けば前日にバッサリ切ってしまったとのこと。朝の閃きは彼女からのお告げだったんでしょうか。髪を切ろうと一日中ずっと考えていることを彼女に告げると「よし、おみゆもやっちゃおうか！」とあっけらかんとひとこと。髪型を変えて次の世界に行った人間の言葉は強いです。

そんなわけで、見事閃いてから1週間ちょっとでヘアチェンジを敢行したのでした。中学生ぶりの短さです。感想としましては、髪が尋常じゃないくらい早く乾くことに何よりも感動しております。これまで、髪を乾かすことに使っていた数十分が新たなフリータイムとして私の生活に現れたのです。この時間、果たしてどう使おう。そして、見慣れない自分と鏡で顔を合わせる瞬間に毎朝驚いています。首に隙間を与えるって超ニューワールドだ！！！！　風通し良好。

甘えた分だけ
お返しもちゃんとするわよ！

隙間譚3　初心を忘れない

――おみゆさんは願掛けしますか？

おみゆ　します！（即答）

――やっぱり（笑）！　自分ではびびりだと言いつつも勝負師だから絶対何かやってるはずと思って。どんなふうに願掛けするんですか？

おみゆ　毎日お祈りして寝てます。「今日もありがとうございました。明日も一日頑張ります。家族や家族のように大切な友達が毎日元気に過ごせますように。○○が上手くいきますように」とか。あと、定期的にお参りに行ったり。毎年恒例の行事とかお祭りみたいな感じが好きだから、酉の市にも！　熊手も毎年買っているんですが、現状維持が大事と思っていて大きくはしてません。大きくすると自分の負担も増える気がして。

――そうなんですね！　それはいつごろからですか？

おみゆ　10代の頃からですね。芸能の神様と言われているところへ通い始めたら、オーディションに受かったり、やりたい仕事が決まったりすることが増えた気がして。それで験を担ぐみたいな感じで、行かざるを得ないという気持ちが強くなったんですよね。

――なるほど。寝る前の習慣はいつから？

おみゆ　気付いたらやっていました。

――なんでやり始めたんでしょうね？

おみゆ　大事なことを自分自身が忘れないようにするためかもしれない。忙殺されると、とりあえずこなしてしまったり、自分のしたいことが分からなくなってしまう気がして。でも忘れたくない！　だから、いつも考えていることを復唱して自分に気合をいれてる。初心を忘れないようにしているんだと思います。

偏愛

私の偏愛的行動は、物を集めるということかもしれない。様々な場所で幾度となく話している本はもちろん、服やレコード、猫グッズ、櫛など自分の中で琴線に触れたものはとにかく集めたくなってしまう。購入したら大体の人は使うのが楽しみだと思うけど、私は集めたものを並べて眺めることが最上級の楽しみ。形状によっては難しいけれど、全部いっしょくたに抱きしめて「最高だ君たちは!!」と讃えたいぐらい愛おしい。愛をぶつけるには抱きしめることが一番だ。

ちなみに近年の夢は、最近精を出して集めている櫛を図鑑にして出版することです。一つ一つの好きなところを、愛を込めて説明したい。楠田枝里子さんの『消しゴム図鑑』に多大なる憧れを抱いています。

さて、日常生活の中で本と服は集めている率がダントツで高いものたち。本は装丁や表紙に一目惚れして読み物というより物として好きになることもあり、古

本屋さんという場所は「いまこの本に出会ったのには意味がある……！」と運命を感じてしまいがちな（都合が良い言い訳だよね）罪深き場所なのです。そして家にはこれから読む本たち（当たり前だけど全部自分の好みの本）が山積みになっている光景ができてくるのですが、それもたまらないのであります。給食の週間献立で、金曜日がカレーライスだったらそれまで頑張れるような、先々のモチベーションのような力を発揮している。

ちなみに、並べて眺める至上主義の私ですが、服に関しては着てあげないとかわいそうという擬人化思考により大事に着ています。でも、この「着てあげないと服がかわいそう」という思いと集めたい欲がかけ合わさることにより、自分の首を絞めるのです。着てあげないとかわいそうとはいえ、着ることができる人は私ひとりだけで、それでも着たい服は増え続けるばかり。でも全部着ないとかわいそうじゃない⁉ の無限ループに陥ります。そこで最善策になっているのは、定期的にフリーマーケットで次に大事にしてくれる人を見つけるということ。お店に売りに行くのとは違って次に着てくれる人の顔をちゃんと見ることができるので安心して好きだった服たちを送り出せている。次の人生も着る人を素敵な気持ちにさせてあげてくれ〜なんて親のような気分です。達者でな。

この世は素晴らしい本と服で溢れすぎて困り果てる。幸せのため息が止まらない今日この頃。結局、偏愛ってどんなことなのかいまいちわからない。偏愛の対義語を調べてみたら、博愛がでてきました。博愛はすべてのものを等しく愛することらしい。それはちょっと意味合いが極端すぎませんか。

すべてを等しく愛することは難しいけど、愛する気持ちの中に含んだものは純粋なものだけで保ちたいです。

芽ネギの寿司

偏愛について、引き続き考えてみた。みなさんにここでひとつ質問。今後、人生が終わるまでたった一つだけの食べ物しか食べられなかったら、あなたは何を選びますか？　焼肉！　と思ったそこのあなた、焼肉のどの部位？　私だったらそこはネギタン塩。お寿司！　という方もどのネタか選んでよね。この質問の答えはいつか私があなたと会った時に教えてください。いろんな人に聞いているこの質問、その人の密かな食に対する想いが見え隠れして面白いのです。しかし自分と同じ答えに出会ったことはまだない。

そんな私はお寿司！　なんですけど、ネタはというと、芽ネギです。シャリ上に海苔で束ねられた姿がまるで花束のようなお上品なネギです。塩でいくか、梅肉でいくか、そこは塩一択でいきましょう。お寿司屋さんに芽ネギのお寿司がないとわりと出鼻をくじかれたような気分になるくらい、芽ネギ寿司フリークです。なんというか「あの夏の日の味がする」（かなり個人的な意見）ような、なんとも切なく心を揺さぶられる感じが好きなんですよね。濃いめのカルピスみたいなものです。

これから1種類の食べ物しか食べられない、そのような現実はきっと起こらないと思うのですが、「食事」というものは私にとってかなり重きを置いていること。そんな人生においての重要ランキングBEST3に入る「食事」で、芽ネギ寿司を食べ続ける決心をしているのはなぜか。

元来、私は子供の頃から薬味好きです。味噌汁やうどん、蕎麦にはネギや生姜をたっぷり入れたい。大根おろしも天ぷらをさっぱり食べたいから大根おろしを添えて、というか天ぷらと大根おろしを一緒に食べたいという同等な扱いです。しゃぶしゃぶに付いてくる薬味のもみじおろしってなんであんなに少しなの？　もちろん七味や山椒などもたっぷりかけます。学生の頃、校外学習の帰り道のサービスエリアにて、とんこつラーメンに紅生姜を入れすぎてピンク色のスープになりクラスメイトたちから若干引かれた思い出もありますが全く傷ついていません。私の中で薬味＝サブ、メインをもう一段格上げする、そんな概念はないのです。薬味はれっきとしたメインの食べ物。そんな薬味愛から生まれたのが、芽ネギ寿司という選択。なぜかサブ扱いされがちな薬味界のヒーロー、芽ネギ寿司。

私には、愛が故に思い続けている夢があります。いつかメイン具材なしの薬味オンリー丼が食べたい。牛丼屋さんでおろしポン酢牛丼を頼んで、故意に牛肉を先に食べきり最後にご飯と大根おろしに七味や紅生姜をたっぷりのせて食べるということはよくやっていますが、最初から薬味オンリーで食べたい！　きっとさっぱりヘルシーで消化にもいいはず

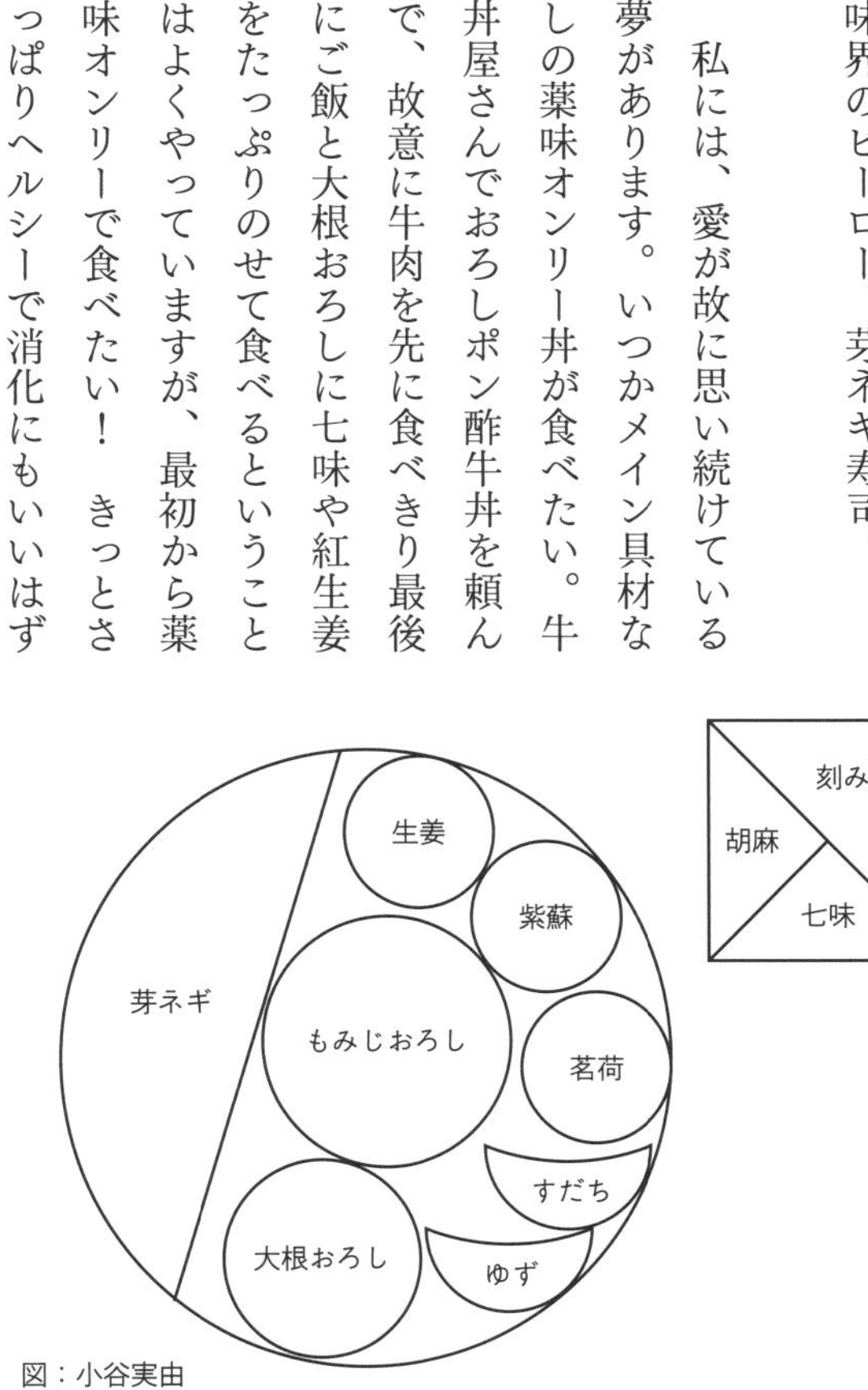

図：小谷実由

と見込んでいます。よくよく考えてみると、芽ネギ寿司ってかなり小規模な薬味丼。これは私の小さな夢の実現なのです。

酢飯に合うんだよね、芽ネギ。でも、芽ネギと酢飯を1：1でカウントされたとしたら……やっぱり一つしか食べられないなら酢飯なのか？　いくら芽ネギへの愛が強いとはいえ、芽ネギオンリーな口の中はハードルが高い。そこはネタとシャリをセットで一つのカウントでお願い。

ネーミングセンス

　こないだ夕方の代々木公園を歩いていたら、じんわり熱気が混じった芝生の匂いが。私にとってこれは夏を思わせる香りであると同時に、ある動物を思い出すもの。小学生の時に飼っていたジャンガリアンハムスター。カゴの中に敷き詰めていた藁の匂いとこの芝生の匂いは同じ。

　ジャンガリアンは私にとって初めて一緒に暮らした動物。服の上に乗せていたらトイレ代わりにされたり、頭の上に乗せて家中を歩き回ったり、カゴから脱走して勉強机の真裏にいるところをおやつで誘い出したり、思い出が蘇る。ジャンガリアンの顔真似をしている（でも全然似てない）写真も子供の頃のアルバムの中で個人的に印象に残っている一枚。子供を産んだりして沢山いた記憶があるけど、覚えている名前はミキオとメロンの二匹だけ。ミッキーマウスが語源のミキオと、たぶん果物のメロンを私が好きだったからという単純な語源のメロン。なんでその名前にしたんだろう、全く意味不明だ。相手はジャンガリアンだぞ。

名前を付けるって本当に難しい。以前、事務所移籍を機に芸名を変えてみようという出来事があり、いくら案を出してみてもどれも全く腑に落ちなくて変えるということをやめ

た。いつか自分に子供ができたら、なんてこともよく思うけど、名前……と思うとまだ予定もないのに真剣に悩む。大人になったいま、こんなに頭を抱える項目なのにもかかわらず、幼少期の私は、名付けられる相手の気持ちも考えずにいとも簡単に、そして瞬間的に、関連性ゼロで名前を付けていた。これも子供ながらの才能というか、習性なんだろうか。そのくらいの瞬発力、大人になっても持っていたかったよ。ちなみに、小学校高学年の時に一緒に暮らしたのはカメで、名前はカメ子だった。性別は不明だったから、これも瞬間的に付けたのだと思う。

名前という存在は重くて大きい。子供の頃、自己紹介が大の苦手であった。理由は「おたに」も「みゆ」も、口がなんだかモゴモゴしてしまってとても言いづらかったからである。この自己紹介が苦手だった現象は数年前、「おみゆ」というニックネームが誕生するまで続いた。「おみゆ」はとても言い易い。時代劇に出てくる町娘の「おすず」や「おとみ」のようなニュアンスで「おみゆ」と呼び始めた考案者（夫）に感謝。ちなみに最近は「小谷実由」を縮めて「おみゆ」という意味も加わっています。

大人になって、瞬間的に思いつくことってどんなことでも少なくなってくるもの。しかし必死に絞りだして出てきたものの背景にはちゃんと物語がある、ようにしたい。

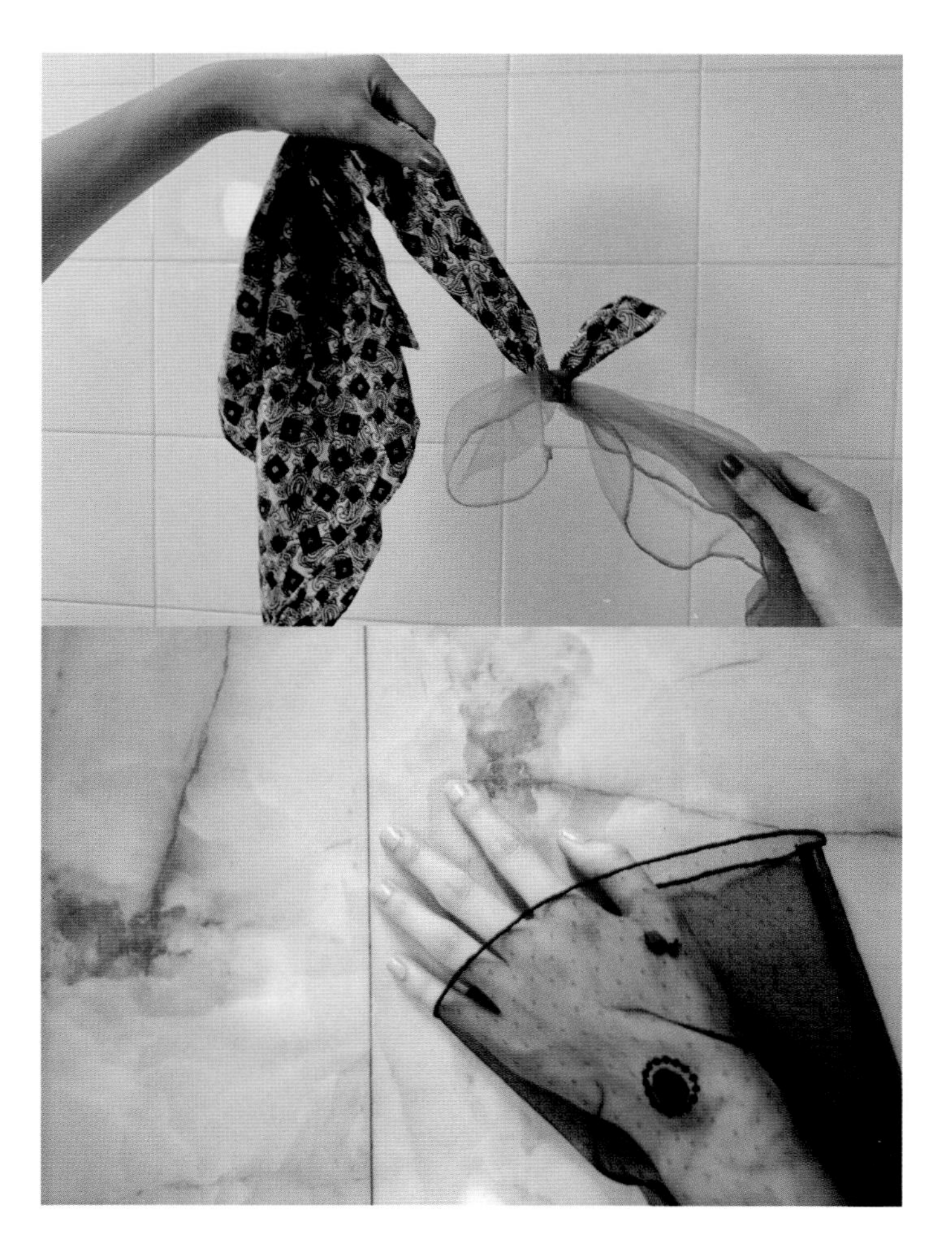

Happy
Anniversary

隙間時間

「隙間時間」というものに1年ほど向き合ってみて変わったことといえば、たくさん読書をするようになったこと。むしろ、いま私は「本の虫」状態。次に読む本予備軍がたくさん控えているという話もしましたが、一時その控えがかなり少なくなるという現象が起こったほどの本の虫具合です（本を読むペースが上がるのと比例して本を買うペースも上がるので控えが無くなることはないのであった）。きっかけは、数ヶ月前に友人と月1読書会を結成したこと。友人もかなりの読書好き。初対面から好きな本の話で盛り上がり、さらに次に読む本予備軍をたくさん抱えている人だったのです。

お互い予備軍の消化をするための集中的な読書の時間を設けることを目的に始めた月1読書会。最近面白かった本や、あの人の本読んだことある？　など本の情報交換もするととても有意義な時間です。次に会った時にこの本の話をしたい！　何か新しい本の話題を！　と思っていたらやる気スイッチが入ってしまい、気付いた時には本の虫と化していたのでした。結果、隙間時間に読書というより、読書時間を積極的に作っている、という説明のほうがしっくりきている今日この頃です。隙間時間とは、一体何なのでしょうね。しばし向き合ってきましたが私にとっては未だ掴みどころのない存在のままです。

ふと思ったことがあります。それは、私は隙間が苦手なのでは？　ということ。がっつりやって、流れるようにまた次もがっつりやりたい。「実は、隙間時間を作りたくない」というなんとも企画倒れな事実が発覚してしまったのです。中途半端になることがいやで、全てを全力でやりたい性分の私。そうなると「空いた時間」ではなく、ちゃんと時間を取って何事もやりたいという気持ちでいっぱいになってしまうのです。この徹底的な精神で今まで幾度となく自分の首を絞めてきましたが、直らないものは直らない。なんだかんだ良いところでもあると思っているので生涯付き合い続けるであろう腐れ縁的な存在です。

1年かけて気付いたことがこれで良かったのか?そんな思いもありますが、この先私に隙間時間が万が一空いてしまったら、徹底的な時間の中で唯一の「無」になる時間として余白を与えていこうと思います。隙間は余白、余白は余裕。

しらす

私にはグレーと白の毛に包まれた同居人がいる。生き物としては猫の分類、名前はしらす。人間でいう前髪あたりの毛が真ん中で分かれている、いわゆるハチワレ猫。鼻はピンクで、眉毛と髭がとても長い。もしもこれらの毛がアンテナの役目をしているのなら、かなり空気を読みたいタイプの性格なのかもしれない。友人はこれらを〝海老〟と呼ぶ。いま海老の画像を確認してみたところ、しらすの眉毛と髭の総量は海老3尾分くらい。

そして、しらすの特徴に言及する上で絶対に譲れない箇所は舌。

いつも舌が出ている。ぼーっとしていても、驚いていても、寝ていても、怒られていても（怒る気を一気に失くさせる効力あり）、本当にいつだって出ている。あれは本人の意識とは全く別物で、彼はきっと自分が舌を出していることに気付いていない。事実、「舌出てるよ」とこれまでも何度指摘したことか。たまに私が気付くのが遅すぎて、眠っているときの出しっぱなしの舌がペリペリに乾いている（ドライタン）。昨今のスマートフォンのカメラはとても優秀で、スローモーション動画が撮れる。しらすが舌なめずりをしている動画を撮影して確かめた際、舌が長過ぎてあまりにも遠回りしていた。友人の猫の舌なめずり動画と比較したこともあるが、友人猫は遠回りなんてしていないとてもダイレクトなものだった。おそらく、舌が出てしまうのはコントロールができていないというより舌が口内に収まり切っていないのだと思う。一瞬きれいに収納されたかと思うと、本当にちょびっとだけはみ出るのが通常運転。

そんな、うっかり舌出っ放しがお決まりの猫なので性格もぼんやりさんかと思うかもしれないが、違う。違うんです。6年ほど見守ってきて思うことは、かなりクール（な振りをしたい）猫だということ。私が家でふざけて踊っていても少し遠くから鋭い視線……冷めた顔でこちらを伺っている！　今日もかわいいねぇ、いつもありがとうねぇと愛情をぶつけても99％無視。そして、しつこく構われると大体返事は猫パンチでキレ気味。その割に私が悔し涙などを流して部屋の隅でシクシクしているといつの間にか近距離で座っていたり、家族全員が何かに熱中していて存在を忘れられている気がすると盛大に鳴いたり、全速力でキャットタワーを駆け登ったりして、人間の視聴率を取りにくる。優しいんだか優しくないんだか、構われたいんだか構われたくないんだか、本当に猫らしい猫である。でも、本人は冷静沈着なかっこいい俺だと信じて疑っていないと思う。どうやらカッコつけていたいお年頃なのかもしれない。たまにうっかりテーブルから寝ぼけて落ちたり、走って滑ったりしているところを目撃されて人間（主に私）に騒がれると、後でカーテンの裏で落ち込んでいるのを目撃する。そんなとき、私は騒いだことをとても反省して、今後はできるだけ見て見ぬふりをすることを心がける。でも、どうしても可愛らしかったりなかなか面白かったりする光景なので感情を抑えずにはいられない。

しらすの一人称は俺だと思う。オレじゃなくて漢字一文字の「俺」、もしかしたら「俺ァ」みたいなチャキチャキなやつかもしれない。しらすの生まれは私の生まれ故郷葛飾区のお隣、江戸川区。同じ下町的仁義バイブスを持ち合わせていると思うので、なんだかんだ私たちまじ親友だよね、なんて私は思ってるのですが、しらすさんいかがですかね（って聞いてみたいけど、絶対真顔で沈黙を貫きそう）。でも私、寡黙なひと（猫）好きです。

しらすの名前の由来は背中の真ん中にだけ一本線のように生えている白い毛たちから。本当は猫と暮らすことになったら〝ころも〟という名前を付けたくて（絶対ふわふわなのを証明していそうなかわいい響きだと思ったから。そして天ぷらの衣のようでもありかわいい。天ぷらの衣はカリカリだけど）、なんなら猫と暮らすことを決意する前からイメトレをしていた（帰ってきたら玄関から名前を呼びかけるなど当時はしていました、今思うと怖いですね）。そんな準備万端な憧れネームだったけど、なんだかこの顔にはしっくりこない。と頭を悩ませていた時、背中のそこだけ毛質の違う白い毛たちのことを思い出した。あのひと、背中にしらす乗せて歩いてる……。あ、しらすだ！　と。そんなわけで〝しらす〟という名前になるのでした。子供のころ限定かと思っていた背中の白い毛（しらすのしらす部分）は今も健在で、季節によって量が変わるので、その毛を眺めて四季を感じ取ったりすることも、しらすレベルが高まると可能かもしれません。もしも私がタトゥーを入れるとしたら、背骨に沿ってこの白い毛を彫ってもらいたいと密かに思っているのはここだけの話。

一緒に暮らしているとどちらからともなく似てくるなんて話はよく聞く。しらすみたいな顔（舌を出しているわけではない）してるね、と友達に言われたこともあるが、そんなことよりわかりやすい私としらすの共通点がある。先述した下町的仁義バイブスは私の妄想の域かもしれないが、これは間違いない。それは、目を開けて寝ることと。目を開けて寝る猫と妻。そんなひとりと一匹に挟まれて眠る我が夫の気持ちを察したい。ちなみにしらすはわりとしっかりめに目を開ける派、私は半目気味です。

お調子者

10月1日になった途端、金木犀の香りが至るところでしませんでしたか？　毎年この感動を覚えておきたいと思うんだけど、つい忘れてしまっていつも人生ではじめてこの素晴らしさを知ったかのような気持ちになって感動するんだよね。でも、そんな瞬間も毎度素晴らしいから、忘れてしまってもいいことってあるんだろうなと思いました。忘れたっていいなんて、我ながら大人なこと言うじゃないの私。

忘れていいこと、もちろん悲しみ悔しみなどマイナスなことは全部忘れてもいい。なんなら私は1秒でも早く自分の頭の中からそういう感情は追い出したいです。悔しいと思ったという感覚だけ頭に残しておいて、同じことを繰り返さないようにしたい。詳細に覚えていたってなんの役にも立たないと思ってしまうし、一晩寝れば大体のことはどうでもよくなり忘れてしまうタイプ。そんなこと言っといて、根に持ってることもいくつかあるけれど。

根に持ってることも、大体は悔しいなと思ったこと。そんな時は「いまに見ていろ……!!」とハンカチの端を噛んでいる（ような気持ち）。でも、それは日頃の頑張りの炎を燃やす薪のような存在で、やる気を出したいときや少し生活のペースが良い感じに流れているときにあえて思い出したいので、必要不可欠なこと。私は元来お調子者なので、調子に乗るとドジをするのです。ちなみに岸本佐知子さんの『ねにもつタイプ』というエッセイは私の3本指に入るお気に入りの1冊です。

調子に乗るとドジをすることといえば、絶叫系のアトラクションが苦手だった子供時代のこと。老舗遊園地、浅草花やしきで気分が盛り上がり切ってしまった少女おみゆ。当時大好きだったキラキラの星モチーフのゴンドラを見つけるや否や、どんなものかも確認せずにダッシュでひとり乗り込んでしまった。しかしそれはファンシーな見た目からは想像できないハードな乗り物で、スタートのブザーが鳴った後の記憶はありません（ふわっと覚えているのは見えている景色。地面が頭上にあって、かけていたサングラスがふっ飛んで行った）。いま調べてみたら、リトルスターというアトラクション。ホームページの説明には「かわいいお星様に惑わされちゃダメ！　いったん動き出したらどっちに回転するかわからない。とにかくよく回るアトラクション。」との説明が。幼い私はまんまと惑わされた模様。大人になった今はこの説明を読むだけで乗り物酔いしそうです。

いったん動き出したらどっちに回転するかわからない、子供のころからそういうものが苦手で、自分が知らないことやその先が想像できないものにはなかなか手が出せずにいた。そして、その思考を抱えたまま大人になってしまい、「今度やろう」と思ったものにも手が出せず終いでいることが多かった。でも、「今度やろう」の「今度」がいつになるのかも、果たしてそれがあるのかもわからないなと年齢を重ねるうちに思うようにもなった。それは、永遠に存在するものはないのだなぁ、と大好きな人や物との別れを体験して感じるようになったからかもしれない。人生一度きり。やりたいと思ったらすぐやる！　もしそんな風に行動できたら私の世界は今より何倍にも膨れ上がっていろんな方向へ派生していくのかもしれない、なんて想像してワクワクしたりもする。その第一歩目として、どうなるかはわからなくても、とりあえずやってみるほうがいいのかも。と、怖気付かずに何かに取り組むことも多くなった。

人生一度きり、そんな思いが強くなればなるほど「やらずに後悔するより、やって後悔する方がいい」という言葉が私の頭の中で大きな存在になっている。先が想像できないものに向かっていくときは、何度体験しても緊張と不安が入り混じって、この感情には全く慣れることはない。でも、新しいことを知れた時に感じる何にも変え難い高揚感も案外悪くないし、後悔がついて来ることもあるかもしれないけどそれでも絶対的に得をしているはず、と私は信じている。先述のリトルスター事件はまさにそれで、当時の私にとってはただただ怖かった記憶だけど、それから長い時間が経っても、何度話題にのぼっても、飽きることなくゲラゲラ笑ってしまうような家族の思い出話になっている。

隙間時間エクストラ

　月曜日、朝。しかし今日は祝日。静かに、なんだか寂しい感じで目が覚める。天気が曇りのせいなのかもしれないし、今日は休みだけど結局明日からまた平日じゃん。なんて、せっかくの休みにもう「日曜の夕方のあの気持ち」モードに突入しているからなのかもしれない。特に気が滅入ることは何もないのに口がへの字でいじけている。今日は朝から用事があるはずで、7時過ぎに起きて支度をしていたけど、ふとスケジュールを見るとその予定が昼過ぎからだったことに気付く。突然のロスタイム発生。あれ、これ、隙間時間？久しぶり！

そんなわけで顔も洗っていない、まだ布団から出るというミッションをこなしただけの私。これからどうする。3つの案が浮かんだ。

1つ目、このまま布団に舞い戻る。眠いし、まだ布団から出ただけだし、二度寝って最高だし。でもきっとすぐに寝入ることができても体感時間は瞬き数回分。数時間後、また眠い気持ちを押し退けて布団から這い上がるのだろう。お得意の誰の仇なのかわからない恨み節を持っての起床です。冒頭のへの字口の朝に戻る。

2つ目は布団の上もしくはソファで本を読む。起き抜けの読書ってなんだか清々しくて、少し夢の途中な気持ち。まだほとんど何もない頭の中に自分の好きな言葉たちが流れ込む感覚は最高。言葉のひとつひとつが愛おしく、丁寧に向き合いたくなる。でも、これには落とし穴が。しばらくすると、心地良い眠気と目の疲労感が風になびくレースカーテンのように漂ってくる、もちろんそのまま寝落ち。そして慌てて恨み節を持って起き上がり、またしても冒頭のへの字口モーニングへ。

3つ目はこのまま支度を続行。顔を洗うなど朝の行程を経てから朝食を食べる前にこれを書く。本当は用事を終えて午後書こうとしていた存在を朝に連れてくる。なかなかこの時間に書くということをしないし、まだまだ脳みそがまっさらで元気な気がする。何かをひとつでも成し遂げるとやる気が芋づる式に出てくる調子がいい人間なので、への字口も解消されること間違いなし。あとは何より午後にお昼寝チャンスが待っている。

雨もしとしと降ってきたブルーマンデー。熟考した結果、３つ目の案を採用してみることに決定。支度を続行です。朝はゴロゴロとした目を洗うことから始める、液体の中で目をパチパチ瞬きさせるあれです。こんなに細かい埃が目に入ってるの⁉ といつも思うのでつい毎朝やってしまう。さっきまで目をつぶって眠っていたはずなのにどこから入ってきたんだろう、小さい毛みたいなものたち。たまに信じられないぐらい長い毛が目に入っていることがあって、マジシャンが口から小さな旗が繋がった紐をどんどん出してくるあれの気持ちになる。そして、その毛の正体はしらす。昨日の朝大慌てでマスカラをした睫毛をコームで梳かしていたら、コームが目に飛び込んじゃったことを突然思い出した。痛かったし、しばらく目が赤くなった。このままばい菌が入って目がどうにかなっちゃっても明日祝日だから眼科行けないよどうしよう、と先々の一連の心配をしたけどすぐ治った。マスカラコームを使用する方、大慌てで睫毛を梳かしてはいけないよ。

顔を洗って、朝から保湿の鬼と化して、スチーマーを浴びたりパックをしたり。この行動が未来に活きると信じている、頼むよ私の細胞。顔がびしょびしょのまま、パソコンに向かう。でも、今日はデスクじゃなくてソファに座る。本当のことを言うと顔を洗ってもまだまだ眠いし、今すぐ布団に戻って眠りこけたい。でも、芋づる式のやる気（そして午後のお昼寝タイム）を求めて白湯をクッと一気に飲み込み書いている。

隙間時間と向き合ったあの時から約2年。未だに隙間時間というものを使いこなすことができているのかわからない。でも、隙間があればすぐに寝てしまっていたあの日からは少しだけ歩を進めている気がする。しかし今この瞬間眠気がピークです。あくびが止まらない、まずい。寝ている時間はもうないよ。隙間時間って神出鬼没だしすぐいなくなるな。

と、書いたところで気を失いハッと飛び起きました。眠っていたのは3分程、セーフ。束の間に夢まで見てしまった。実家の近所の空を何かバイクのようなもので飛んでいたら中学生のとき頻繁に遊びに行っていたAちゃんの家が改築工事をしているのを発見。そこでよくAちゃんと口喧嘩をしていた同級生のBくんがなんとAちゃんと結婚してお惣菜屋を営んでいて驚いた！　という内容。どちらともずっと連絡を取っていない。現実を確かめることもできるけど、なんだかよかったなぁと思っちゃったのでしばらく自分の頭の中で

だけはそういうことにしておいてもいいかなぁ。私の中のふたり、
お幸せに。さぁ、朝ごはん食べよ。

たったいま、突然しらすに足を踏まれました。
いつもの噛みつくでもなく、片足で思い切り
力を込めて踏んで走り去って行った。
猫の踏み逃げ。
（事件の記録としてここに書き残しておく。）

隙間譚5　バーチャル越え

——好きな国はありますか？

おみゆ　シンガポール！

——どんなところが好きですか？

おみゆ　シンガポールに行くまで、実は旅自体そんなに好きじゃなかったんです。体質的にすぐにお腹壊したりするんで、慣れない場所だと、衛生面とかも気になってしまって。でも、シンガポールは初めて旅行が心から楽しいと思えた場所なんです。大好きな友達がいることが一番の理由かな。街並みがカラフルで、どこを見ても好きなものばかり。ご飯もおいしい。

——安心できて好みも合うって大事ですよね。

おみゆ　そうですね。でもこうやって考えてみると、もちろんその国のことが大好きになったんだけど、たまたま友達がシンガポールの子だっただけかも、とも思いました。生まれた町でも生活している町でもないけど、なんだか特別な場所になりうる場所って誰にでもあると思っていて。国だけじゃなくて洋服とかでも同じようなことが言えるかもしれないけど。

——その友達とはどうやって出会ったんですか？

おみゆ　インスタで見つけたんです。すごいおしゃれな人がいる！　と思って、フォローしたらすぐにフォローバックしてくれて。何がきっかけだったかは忘れちゃったけど、それからメッセージをやり取りするようになりました。彼女は歌声がとってもハンサムで素敵なミュージシャンなんです。

――まさかのSNSがきっかけ！

おみゆ　はい（笑）。それで知り合って数年後につ いに「バーチャル越え」をしたんですよね。SNSは所詮きっかけでしかないから、直接コンタクトを取ることが可能なら何か行動した方がいいと思っていたので抵抗なくて。彼女がライブで東京に来た時に、初めて会いました。彼女と、私と夫の3人でご飯を食べに行った気がします。でも会う前から、私は自分の写真集を送ったり、彼女からはCDを送ってもらったりとかもしていたし、なんだか全然初めて会った気がしなかった！

――文通みたいでいいですね。

おみゆ　ずっと会いたいねって言ってたから、実際に会えた時は本当に嬉しかったなぁ。よく彼女はメールで「ミユが好きそうなものがシンガポールにはたくさんあるよ」って、ウォン・カーウァイみたいな世界感や色使い、80年代っぽい街並みやお店の写真を送ってくれたりしてたんです。彼女は昭和の日本の音楽が好きで、それ以外にも私と好きなものが似ていて。こんなに趣味が合う友達が海を越えたところにいたんだと思うと出会えたことが本当に奇跡みたい。そんな彼女が普段どんなところで暮らしているのか気になってシンガポールに行ってみたいという気持ちが募っていって。それで新婚旅行も兼ねて行ってみたわけです。

――初シンガポールはどうでしたか？

おみゆ　何だろう、シンプルに言うと、本当に彼女の言う通り自分の好きなものがいっぱいあったんですよね。シンガポールにはＨＤＢ（Housing & Development Board）っていう公団住宅がたくさんあるんですけど、その色使いや形がすごく好き。建物の壁や床の柄も日本では見られないものばかりで。あとは、観光だと絶対に行かなそうな古いショッピングモールとかにも連れて行ってくれて。私が好きな時代の建物がちゃんとその時代のテイストのまま残ってるんです。

――アテンドが完璧！

おみゆ　そうかも。彼女の紹介してくれる場所では「これだ‼」みたいな感覚が割とずっと続いている感じがするんです。あと、なんか適当になる（笑）！

――え⁉　適当ってどういうことですか？

おみゆ　うーん、気持ちが開けるみたいな？　いい意味であんまり細かいことが気にならなくなるんです。足取りが軽やかになる感じ。好きなものに囲まれていると頭の回転が速くなって、ある意味ずっとアドレナリンが出ていて、すごくいい状態だなと思いました。それって普段いる世界と違うからで、じゃあいっそのことそっちに移住するかっていったらそういうことじゃないんですけどね。リラックス×アドレナリンで最強な状態になれるんです。

——それはいいことですね！

おみゆ　でも今思うと、東京でも彼女と一緒に遊んだことがあるけど、どちらの国にいてもあんまり行動パターンは変わらないですね。レコード屋さんに行く、喫茶店に行く、本屋に行く……。私が案内するのか彼女が案内してくれるのかが変わるだけ。

——観光とは違って暮らすような旅ですね。

おみゆ　彼女がいてくれるおかげで一歩何か踏み込めたような気がいつもしてます。

——「バーチャル越え」して得るものが多かったですね。

おみゆ　そもそも気の合う友達と出会えたこと自体がうれしいし、その子がシンガポールで育ったということ、シンガポール自体も自分の好きな時代のアジアの雰囲気が色濃く残っていること、いろんなことが重なり合ったおかげでシンガポールが好きになったんだと思います。楽しい経験をしたから、シンガポールを好きになった。そういう大事なものの見つけ方もあるんだって思いました。他の国にも友達がいるから、これから先の未来で違う国でもまたそういう気持ちになることもあると思います。タイも台湾も大好きだし、もしかしたらこれから全然違う国の人と仲良くなる可能性もあるから、どこの場所でそんな思いが出来るか未知数でわくわくする！　でも最初にこういう感覚を教えてくれた国は私にとってシンガポールだった。だから一番特別です。

入口
樓梯

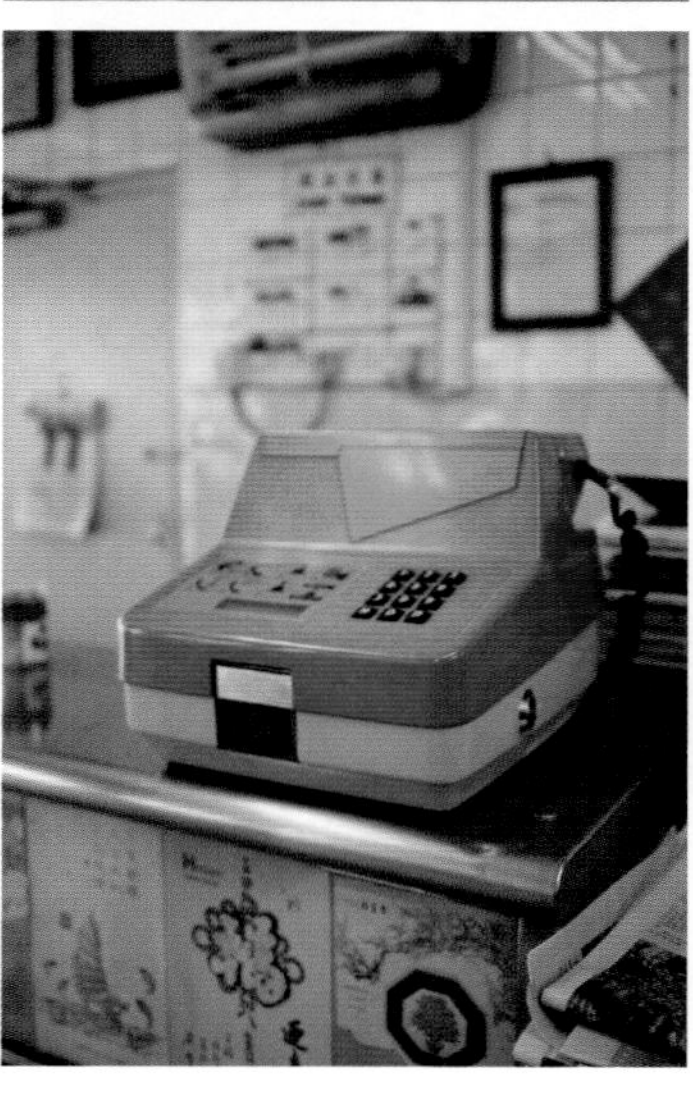

反復

いつも書き出しをどう始めていいかわからなくなって、某検索サイトで〝NAOT 小谷実由〟を検索することからまず始まる。いつも自分のエッセイが掲載されているのをホームページ上で目の当たりにすると、ああ本当に誰かに読まれているのかもしれない。なんて思いで気が引き締まる反面、うう……と唸りたくなる謎の緊張感が背中に走る。何年書かせてもらっているんだ、そろそろ慣れろよ、と頭の中にいる真面目な自分に言われつつ、初心忘れるべからずだからいいんだぞ、と対角線上にいる自分が甘やかしてくれたりもする。私の頭の中の真面目と甘やかしの比率は8：2くらいなので貴重な甘やかし言葉だなと思いきや、よく考えるとそんなに甘やかしてくれてないよね。自分に優しくすることが時に必要なのだと、最近ひしひしと感じている30歳の初夏です。

最近人に指摘されてハッとしたことがあり、「繰り返してしまうこと」を考えてみた。あなたの繰り返しちゃうことってなんですか？　私はこの夏、あのスポーツドリンクの炭酸バージョンにハマっていて毎日のように飲んでしまっています。あとは今まで食べたことがなかった夫の隠れ得意料理トンテキの重くないのに食べ応えのある素晴らしさに気付き、夕飯のメニューで毎週のようにリクエストしていたり。繰り返し買い過ぎてすでにストック済みの調味料にさらにストックを重ねてしまうことも多々（これはただの心配性、ちなみにお好み焼きソースです）。そして、沼のように立ちはだかるのはあのありがたい動画サイトYouTube。もちろん好きな曲を何度も聴くのは朝飯前なのでYouTubeでその曲の映像を繰り返し見ていたりもする。そうすると、歌番組やライブ映像などその曲の様々なバージョンをおすすめされる。そして、そこからまたお気に入りを見つけ出し繰り返し見ていく……沼だな（過去にその沼の題材になったのは中森明菜さんの「DESIRE－情熱－」やX JAPANの「DAHLIA」、電気グルーヴの「Shangri-La」です）。

何度も繰り返し見続けて飽きないのか？　とその様子を見て人に問われることもあるけど、率直に言うとそんなに飽きない。好きなポイントを見つけると何度だってそのポイントで大喜びしているおめでたい性格。単純といえば単純なのかもしれないし、これもまた偏愛の片鱗かもしれない。

そんなことを言っておきながら、ついに飽きてしまったことに気付いたものが最近ある。それは、チョコミントアイス。おそらく2018年ぐらいから（自分のインスタグラムのハッシュタグ #ミント族通信 調べ）ガリガリ君のチョコミント味に大ハマりし、家の冷凍庫がガリガリ君屋さんと化してしまったかと思うほどガリガリ君チョコミント味だらけになったこともあった。そのほかのアイスもチョコミント味が発売されればすぐさま食べてみたり、沢山の人からチョコミントアイスの情報が寄せられたり……（その節は皆様ありがとうございました）。でも、昨夏あたりから見かけてもなんだか買う気にならない。食べれば美味しいなぁと思うけど、以前ほどの感動の波が押し寄せない。と、なんだかピンとこなくなっていて、今年になってハッキリと悟ってしまった。これは、飽きたな？？？

しかし、大袈裟だけど現実はよくできています。なんとまた新たなハマりの波がやってきていたのです。しかも自分でも気付かなかった昨夏から。というわけで、最近はかき氷系のアイスを繰り返し食べています。真ん中がバニラアイスでその周りを囲むようにソーダやコーヒーやいちごの氷が入ってるアイスや、練乳が入ったいちご氷の棒アイスなど。氷菓アイスを繰り返し食べるシーズン到来。でもそういえばガリガリ君も氷菓だったよね……過去のハマりを微妙に受け継ぎながらの緩やかな移行です。数年楽しませてくれたチョコミントよありがとう、また今度ね。

と、繰り返しながらも結局飽きるんじゃん、という生態を晒したところで今回はおしまい。熱しやすくちょっとだけ冷めにくい。そういえば、繰り返しについて考えさせてくれるきっかけは何だったのかというと、この書籍の担当者の方に「おみゆさんって、よくお風呂と洗面所にいますね」と言われ、「！！！！！」となったことでした。振り返ってみると、年に一度はその辺にいる話を書いているっぽい。突然自分の生態を指摘されるのって、気恥ずかしいですね。浴室周辺は空気がピンと張り詰めている静かな空気が漂っている気がするんです。あの硬質な音が響く感じわかりますか。あれが好きなんです。ラブ浴室と洗面所。

続・旅行ロス

いま私が熱望しているのは、多くの方も熱望していることでしょう「旅行」です。特に海外旅行に行くことができるのは（2020年現在）、もうしばらく先になりそう。おうち時間の時期も海外の友達とテレビ電話やメールで連絡を取ったりして楽しかったけど、とにかく連絡を取った後の喪失感は半端じゃない。旅行ロスに匹敵します。友達に会いたいのはもちろん、あれ食べたいなぁとか、あそこに行きたいなぁとか、あの匂いや湿度を感じたいなぁとか。行けないと思うとより恋しくなりますね。しかし、行けないものは仕方がない。でも、じっと待つのもつまらない。そこで行った気持ちになりそうなことをあれこれ探求しています。日本もちょうどジメジメとした季節で空気感は準備万端、いくわよ。

まず、一気に脳内を異国に変える気軽な方法として常々実践していたアジア映画をひたすら見るということは、意外にも今の私には不向きでした。ただその世界を覗き見ているだけでは悲しくなるばかり。それならば音楽だ！　と思い、旅先で買ったシンガポールや台湾の歌謡曲のレコードを聴いてみたりしました。そして、それらを聴きながら日常の家事や用事をする。すると、なんだか映画の中で見ていたアジアの日常生活に自分が入り込んだような気持ちになったのです。ちなみに今は友人の菅原慎一さんが作った台湾歌謡曲のミックステープ『未知城市』を聴きながらこの原稿を書いています。もう気分は映画『台北ストーリー』に出てくる80年代のキャリアウーマン。

聴覚で気分が乗ったら、お次は味覚へ。家でも現地で買ってきた調味料やキットを使ってあの場所の味作りに勤しみました。特にヒットしたのはシンガポールのスープ料理「肉骨茶(バクテー)」。味が本格的であのとき食べた味だ!! と口の中はあっという間にシンガポールへ。あまりにも再現度が高いので喜びを通り越して一瞬哀愁に包まれてしまいました。旅先では一つしか買ってこなかったので、また食べたいなぁ……と寂しくなっていたところ、輸入食品を扱うスーパーに肉骨茶キットがあって大喜び。肉骨茶って、ニンニクがどかんと丸ごと入っていたりして（それがスープに溶け込んでとても良い仕事をする）普段は次の日のことを気にしてしまうのですが、おうち時間はほぼ人に会わなかったからニンニク最高だ！ と思いながらよく食べておりました。ちなみに番外編的な話として、餃子の王将が大好きなシンガポールの友人は、王将でよく食べているメニューを自宅で自ら再現して作っていたそう。やってることが同じで嬉しい。後日、王将のお皿をオークションで手に入れてプレゼントしました。これで彼らのお家も餃子の王将。

あとは、少しずつ外出できるようになってからお店にも足を運ぶようになって、台湾小籠包で有名な鼎泰豊（ディンタイフォン）へ行ったり（特にデパートのレストラン街にある店舗に行くとクーラーでギンギンに冷えた店内なので旅行感が出る）、近所の好きなアジア料理屋さんに行って自宅ではなかなか作れない創作アジア料理を食べ、蒸し暑い夜の帰り道を歩いているときなどはお腹も心も異国情緒でいっぱいです。

もちろんこれだけでは気持ちは満たされていない。でも、行けない寂しさを一瞬でも紛らわせることができるし、意外なものがこれってあの感覚に似てる！　なんて気付けたときは少し嬉しかったりもするから、また本物のそれを体感する日が待ち遠しく、楽しい気持ちになるのです。いま行きたいのは、シンガポール、台湾、タイ、ベトナム。さて、どこから行こうかなぁ。

これからも私の空想旅気分探求はしばらく続くでしょう。今日はいまから愛玉子（オーギョーチ）ゼリーを作ろうかな。愛玉子ゼリーのキットをスーパーで見つけて買ったんです、こないだ。

怖いよね

みなさんは、雷怖いですか？　そんなこと考えたこともないでしょうか。もちろん大人になったら雷より怖いものなんてたくさんあるんですけど（公共料金の払い忘れとか、主に期日守る系が怖い）私は雷怖いです。

ピアス

ピアス、開いていますか？　私は、開いています。右耳に2個と、左耳が5個だったんだけど1個閉じてしまって4個。

私は左の耳たぶにほくろがあって、高校受験の受験写真撮影時にそのほくろがちょっとした問題に。「ピアスを開けているように見えるかもしれない」と先生に指摘され、コンシーラーでほくろを消して写真撮影をした。生まれた時から当たり前にあるものをなぜ消さなきゃいけないのかと不服にも思ったけど、推薦入試に受かりたかったので渋々消したことを覚えている。私はそんな耳たぶのほくろがピアスみたいで気に入っていて、それがピアスへの憧れの第一歩だったかもしれない。両親もピアスを開けていたので、親からの反対は特になく、いつでもどうぞという感じ。しかし、私は痛いのが怖い。30歳になった今現在もそれは変わらず、注射の時は反対側の手で太ももをつねっている。

そんな私がなぜピアスを開けることになったのか。高校1年生の冬休み、久しぶりに遊びに行った大阪のおばあちゃんの家で、1つ年下の従姉妹と急に盛り上がって、せっかくだし（何のせっかくだろう）開けちゃおう！　と思い立った。10代の決断力ってなんて無敵なのだろう。次の日すぐにピアッサーを買いに行って、夕飯前、2階の部屋に隠れて従姉妹に開けてもらった。それが私の初めてのピアス。従姉妹の中で唯一私より年下だった彼女が、一瞬にして迷いなくパチンと開けてくれて、なんだかその時は彼女がすごく大人に見えた。開けた直後にきゃーきゃー騒いでいたせいで「ふたりでこそこそ何やってるの！」とおばあちゃんにすぐに見つかって怒られたけど、今まで体験したどんなことよりもなんだかすごいことをしてしまった！　という気持ちの高まりで私の頭はいっぱいだった。

　最初にピアスを開けてから2ヶ月後、16歳の誕生日になった瞬間、一気に穴をさらに2個増やした。着けたいピアスがたくさんあったし、もっと増やしたほうが可愛かったから、とかそんな理由だった気がする。その後、年中行事のように次の年の誕生日にも2個増やし、その次の年にも2個増やした。何よりも私の中で重要だったのは個数である。個数を奇数にしないと運命が変わるなんて噂が友人たちの間で頻繁に囁かれ、私はもちろんそれを信じて、律儀に守っていたのだった。なんだか真面目なのか不真面目なのかわからない。開ける以前に一番怖がっていた痛みに関しては、保冷剤でガチガチに冷やしていたのでわかりません（と思い込むことで乗り切っていた）。でも、どんどん大事なものが増えていく感覚は密かに自分の中に積み重なっていた気がして、ピアスを開けた瞬間のことは大体全部覚えている。そのあと穴が安定しなくて痛い経験をした思い出も。自分の身に着けるものに記憶を落とし込んでしまう癖はこの頃からあったのだな。ピアスを開けることって様々な意見があるけど、いろんな思い出が付随してきて自分にとっては良い経験として刻まれている。

7個も開けたしもういいだろ〜なんて思わないのが高校生の私。時代は00年代後半、アヴリル・ラヴィーンなどちょっと悪そうでロックな女の子が大流行り（だったよね……!?）だった時代。私の中学生のころからの憧れはモデルの土屋アンナさんで、どこかの雑誌のインタビューで彼女のピアスの数が11個だと知り、私の目標値も11個に即決定（単純）。しかし順調に増やしていたピアスも高校卒業後にモデルの仕事が少しずつ増えていき、自由にピアスを開けられなくなってしまった。そんなわけで18歳から7（マイナス1）個のままで私のピアス事情は止まっている。

なぜ突然こんな私的ピアスメモリアルを振り返っているのかというと、十数年ぶりにピアスをまた開けたい！　と思っているからなのです。やっぱりさ、今現状6個で偶数だからソワソワしているんですよね。と、奇数じゃないと運命変わる説を未だどこかで心配している私がいるかどうかはわからないけど（絶対いる）、閉じてしまったピアスの位置がお気に入りの位置だったから再び開けたいなと思っている所存です。やはり気に入ったものを身に着けることはどこからかパワーが湧いてきて自分の気持ちを彩ってくれるということをずっと信じて疑わない。耳の上部の軟骨に着けたら素敵だろうなと思うピアスにもこの数年で出会ってきたけど、軟骨にはピアスが開いてないので諦めたこともしばしば。ここは思い切って新しく増やすのもいいなぁと思っている。でもさ、そうすると偶数になってしまうんですよね（やはり奇数にしたい）。そうなると3個増やすとして全部で9個。あれ、いまさら高校生の時に設定した目標値に近づいてきてるな。そんな感じでずっと、ピアス開けたいな、という思いを私は半年以上前から抱えている。10代の時みたいに次の日にピアッサーを買いに行く瞬発力はもうない。果たして本当にやるのだろうか、きっとそのときは両手で太ももをつねりまくっている。

幻のような野良

夏が過ぎると必ず思い出すのが、モデルの仕事を始めたときのこと。始めたころはただ服が沢山着たかっただけ（無謀すぎる志望理由で気に入っている）の中学生で、もちろんモデルになった後どう登りつめていくかなんてノープラン。テレビに出ている好きな女優さんのファッションやヘアメイクが好きで、（見た目が）そうなれたらいいなと思いながらその女優さんの事務所のオーディションを受けた。だけど、別に役者を目指したかったわけでもない。とにかく沢山服を着てみたいという情熱だけを掲げて突き進んでいた。もちろん最初から仕事に恵まれたわけでもなくレッスンばかりの日々だったけれど、一人で電車に乗って行ったことのない場所に行ったり、お化粧をしてみたり、ハイヒールを履いたり、予習も対策もできない初めてだらけだったあのころ。空気感や匂いまで鮮明に覚えていて、今でも思い出すだけでドキドキするようなあの日々。本当にあの日々を潜り抜けてきたのだろうかと大人になると嘘みたいな経験だったと思っている。当時14歳、若いとなんでもできるって言葉は今なら大納得です。そんなわけで幻のような日々から早15年が経ちました。

無鉄砲なまま何も知らない世界に飛び込んだ私でしたが、紆余曲折を経て今では人生の醍醐味と言っても過言ではないと思えることを日々やらせてもらっている。素敵な服たちをとにかく沢山着ることがきっと14歳の私の人生の醍醐味だったと思うけど、あのとき自分だけで密かに楽しんでいたものや感覚を、今ではいろんな人と分かち合えていて、それがまた誰かの好きなものが見つかる始まりになれているのかもしれないと思うと、醍醐味という複雑な文字の画数でも語りきれないぐらい濃厚なもの。15年経って、今でも様々な服に袖を通せることは仕事をしている中で至福のひとつ。最近「学生の頃から一緒にお仕事をするのが目標でした」なんて言ってもらったことがある。思い返しても本当かな？　なんて疑ってしまいそうな夢のような言葉だけど、この仕事をしていてよかったと心から幸せを感じた瞬間だった。何をやってもダメで心が腐りそうになったり、悔しいことも沢山あったけど、そういうマイナスな気持ちが全部チャラになるってこういう瞬間のことなんだと思う。続けているとこんなに良いことがあるんだなぁ。しかし、たった一人でここまで頑張ってきたわけではないのは当然のことで。いつも支えてくれている方々、もちろん直接会ったことある方も、ない方も、ありがとうございます。

時が経つのって本当に早いよね。年々そう思ってるよ、っていつも言っているし、これからもずっとそんなことを思いながら瞬間を噛み締め生きていくことでしょう。スルメのように思い返すほど味わい深い日々でありたい。

蒸籠

曇天や雨が1週間以上続いて身も心も湿度を吸収しまくっていっぱいいっぱいになってしまったとき、突然長雨の合間の晴天が訪れることがある。ちょうど昨日がそんな日だった。毎年この瞬間が訪れているのは覚えているんだけど、やっぱり生き物は太陽がなければ……！　と毎度新鮮に喜びを感じてしまう。初心忘れるべからずですね（なんかちょっと違う気もする）。

最近の大ニュースは憧れのアイテム・蒸籠を購入したこと。味はもちろん、蒸籠に入った点心の様子が美しくて大好きなのですが、お店でしか体感したことがない。願わくば点心以外のものが蒸籠に入っている姿も見たい。まだまだおうち時間の充実が必要なご時世だと思う。諸事情で（ただ太っただけなんですけど）野菜中心生活を送っているのですが、もうサラダを毎日作るのも飽きてきた……こんな時こそ蒸籠チャンスなのでは⁉　と思いついに買いました。

まずは手始めに18㎝の蒸籠を2段購入。蒸籠を抱えてレジまで持っていくだけでウキウキする。抱えて数秒で愛着が湧いてしまった……可愛いですね、蒸籠ってね。レジまでの道中、頭の中にらんま1／2のオープニング曲「じゃじゃ馬にさせないで」がなぜか流れる。

最初に蒸したのは冷蔵庫にあったチルド焼売とスライスかぼちゃ。

結果はもちろん、過去に食べたどんな調理法のそれらよりも、美味い。味が凝縮されているような、いままで何か大事なものを失いながら食べていたのかもしれぬ……という気持ちになりました。溢れ落ちずにやっと会えたんだね、美味しさを感じる何かと私。

それからというもの、毎晩のように蒸籠が大活躍している我が家です。インスタグラムで何を蒸したらおすすめかをみなさんに伺ってみたところ、じゃがいも・長芋・さつまいもなどのお芋系はやはり美味らしい。かぼちゃ同様にほくほくしそう。焼売（やっぱりね!!）と肉まんの蒸し直しの声も多く、すぐさま試しました。生地のふかふかしっとり具合がたまらない……！　最高です。電子レンジであたために失敗してカサカサの生地になっちゃった過去の悲しい思い出が塗り替えられる。肉まんの生地に派生してか、食パンやベーグルなんかも良いらしい……！　大好きなシンガポールの朝ごはんのお店Ya Kun Kaya Toastには、ココナッツミルクと卵と砂糖で作られた魅惑的なペースト・カヤジャムとバターを挟んだふかふかのパンを蒸籠で蒸したハイカロリーで罪深き美味しさのその名も「蒸しパン　カヤバター」というメニューがあるのですが、もしかして、それも、再現できる……!?　ああ、夢は無限大。考えているだけで蒸籠に乗って空を飛ぶような心地。蒸籠、恋焦がれるだけの時間が長すぎました。なんでもっと早く買わなかったんだろう。これから広がる蒸籠人生に胸が高鳴ります。

見た目も味も愛すべき蒸籠、好きなポイントはもうひとつ。それはあの特有の木の香り。あの香りが肉まんの生地や野菜にほんのり移るとより食欲がそそられます。私も巨大蒸籠に寝そべって全身あの香りに包まれたい。それが無理ならば蒸籠の匂いが充満した戸棚を家に作りたい。戸を開けて鼻だけ入れて深呼吸するのが夢です（ちなみにこの夢は燻製バージョンもある）。

私が購入したのは杉製ですが、竹や桧で作られたものもまた香りが少し違ったりするのでしょうか。材質違いで食材の相性とかもあるのかな……その前にもう2段じゃ足りないから杉製をまた買い足そうかな？　一度に何段までいけるのかな？　蒸籠の沼に片足、いや肩まで浸かっていそうな今日この頃です。雨の湿気は嫌だけど、蒸籠の蒸気なら大歓迎。

ちなみに今ダントツで美味しかった蒸し食材はトウモロコシ。夏の味だよ。みなさんも蒸籠人生一緒に歩んでみませんか。

またすぐね

今年の夏も夏らしく過ごせなかったけど、夏らしいって一体なんだろう。ちなみに今年は西瓜をたくさん食べました。今まで素通りしてきたものをわかりやすいきっかけもなく突然好きになるのって自分の変化を感じてなんだかどきどきする。夏も終わりにさしかかるのにまだまだ暑い今日。家は涼しいから、待ちきれず秋の服を着て書いていています。バサッと楽ちんなシャツが着たいなぁという秋の予定。胸元が開いてるシャツがいい。

さて、一体なんだろうって思っていることが今私の目の前にはもうひとつあります。それは「終わりってなんだろう」ということ。思えば「最後」や「終わり」をあまり意識してこなかった気がする。思いつくのは、学校の卒業や若かりし頃の失恋ばかりで、あとは旅の終焉などの楽しい時間の終わりくらい。人生なんでも地続きだ！　そんな考えなので、気付いたら違うものにすり替わっていたり新しい何かが始まっていたりすることの方に気を取られることが多かった。そんなわけで「終わらせ方」みたいなものが全くわからない、もはや終わらせたくないんじゃないの、そりゃ終わりたくないよ、楽しいんだからさ。でも、色々あんのよ。大人はさ（？）。

でも、終わりがあるから始まりがあるわけで、そうやって自分では気付かなかった何かを終わらせてこれらも書き始めたのではと思うので、終わらせましょう。新しく何かが始まることを願って。

3年前、NAOTでエッセイの連載を始めませんかという話をもらった時、ベッドの上で猫の発する睡魔と戦いながら（書いてる間に一旦寝てるから、戦うというかもう負けてる）書き始めたものがこんなにも積み重なって、自分の中でひとつのブームが終わったり（チョコミント）、家の中でよくお風呂や洗面所にいるという行動パターンが判明したり、どんどん自由に文章を綴ることができるようになりました。それが良いか悪いかは分かりませんが、いつしか愛おしい場所になったことは間違いない。

いかん、しんみりしている。本当に終わらせ方がわからない。放っておいたら一生書き続けそう。

ここで最近の私は何を考えているのか探るためスマホのメモをチ

エックです。8月16日のメモ、「作家の名前を見て、誰かを思い出すのが嬉しい。本の話ができる人がいるの嬉しい」とな。こないだ、雑誌の取材で初対面でほぼ丸一日時間を共にした編集の方がいました。初対面とは思えないくらい話が盛り上がって、まるで休日のような楽しい時間を一緒に過ごせた人でした。その人と最後の取材場所でつい話し込んでしまった話題が本について。私は、読んだ本の話や、好きな作家さんの話を誰かと熱く語り合う機会があまりなくて、自分が密かに思っていた作品に対する見解を聞いてもらえる時間があまりにも嬉しく、誰かと本の話をするってこんなにも楽しいことなんだ、と新しい世界を知ったような感覚になったのでした。共感がこんなにも嬉しいと思えたことはないかもしれないというほどに。その時に話していた彼女の好きな作家さんの名前を、8月16日に読んでいる本の中で見つけたのであった。西加奈子さんの『ごはんぐるり』の中で見つけた、いしいしんじさん。こうやって、好きなものの中からまた好きな誰かや何かを思い出すじんわりとあったかい嬉しさの連鎖みたいなものをもっと体験したい。それにはこれからもたくさんの人と話がしたいな、とシンプルにそんなことを思います。

なぜか最後にスマホのメモの内容を突然公開して終わろうとしている。公開できるメモがあってよかった。その他はおつかいのメモと相変わらず恥ずかしくて公開できない言葉たちばかりです。おつかいのメモには毎度「牛乳、キウイ、小松菜」がランクインしています。毎朝スムージー作るんだよ。

皆様、楽しく美味しい日々をこれからも。ありがとう、また逢いましょう。すぐね。

書くこと

文字を綴ることが好き。子供の頃から何かを覚えるのも、頭の中に散らばった考えも、手を動かして文字を綴って、それを目で見てまた頭の中に入れて、とこねくり回しながら整理整頓していた。高校生になってからは、毎日同じようなことの繰り返しの日々がつまらなくて、好きな人が言ってくれた言葉や友達からの嬉しかった言葉などを書き連ねては毎日見返して、うっとりしながら日々をどうにか過ごしていたこともある。そのノートは恥ずかしくて処分した気もするし、まだ実家のどこかにあるかもしれない。お母さん、どうか探さないでください。

どうも私は頭の中にあるものや忘れたくないものを書き残すことが好きなようで、大人になった今も毎日日記をつけているし、スマホのメモ帳は言葉の破片がゴロゴロと転がっていて、見返してもわからないこともあり首を傾げたりしている。そんな文字綴り狂の私が、綴った文字を誰かに発表する機会を与えられている。子供の頃の私はもちろんこんな未来を1ミリも想像していなかっただろう。今も昔も、目の前のことに立ち向かい整理するのにいっぱいいっぱいなのだ。

いつも紙やパソコンなどを目の前にして、私は呆然とする。何かを書く、と意気込んでやるよりも頭に浮かんだ言葉をすくい上げて貼り付けているような感じ。文章を綴る仕事をやらせてもらうようになったばかりの頃は、一気に書き上げて見返さずに提出するという暴挙にも出ていた。思えばあまりにも失礼な行動で編集者の方々に申し訳ない気持ちになる。考えれば考えるほど試行錯誤していろんな方面に無駄な気を張り巡らせてしまう性格で、読み返せば読み返すほど新鮮な気持ちがなくなりそうだったから、できるだけ着飾らないそのままの自分を世に送り出して、そんな自分をちゃんと見てもらいたかったのだと思う。とにかく自分の頭の中を誰かに見てもらえることが嬉しかった。

その当時は、表に出ている自分はとても虚勢を張っていたようにも思う。「こう見られたい」「こうしなきゃいけない」そんなことを気にしなくていいと思える場所が文字だけで、自分を表現できる場所だった。それはきっと人に見てもらえるようになる前からだった気がする。文字を綴ることは自分との対話のようなものだった。

30歳になった今は表に出る自分も文字を綴る自分も、日常で生活している自分も境目が特にない気がしている（気がしているだけで、10年後に「ひー！　スカしてやんの！」と思うこともなんとなく想像できているけれど）。ひとまず「こうしなきゃ」みたいな自分はあまり顔を出さなくなった。憧れ的な「こう見られたい」という自分はまだいるけど、それは指針として先導してくれているような心強い存在になっている。文字で綴った自分の気持ちを聞いてもらえる場所があることは、どんな場面の自分にも自信や余白を与えてくれている。一方で、いつまで経っても自分の言葉を世に出すことって緊張する。何も武装していない自分の分身を知らない場所に放っているような気持ち。きっとこの緊張感は、何度こうして文字を綴り外に送り出しても一生続くことだと思うし、続いて欲しい。

勢いで書き上げ、見返しもせずに提出していた私に最近大きな変化があった。それは、原稿を寝かせるという行動を覚えたこと。実は、この原稿だって9日間も寝かせてしまい、再び叩き起こして書いている。寝かせている間に自分の何かがアップデートされているのか、少し前に自分が考えもしなかったことを書いたりするときもあって、ちょっとだけ面白い。熟成好みになりそう。そう思うと、勢いで書いちゃったあれやこれやも寝かせればどんな風になっていたんだろうと考え出し、自分が書いた原稿のパラレルワールドを思い浮かべるとキリがない。10年後はどんな文字の綴り方をしているんだろう。さぁ、まだ提出まで期限があるので再びこれも寝かせる。

本当は20代のうちに
カワウソと握手したかったのだ。
こちらの案件は
30代に持っていきます。

KFC

振り返り

今の私から今までの私へ、言いたいことはいくつかある。

p.11「ベッドの上で原稿を書くことをやめようと思います。」
その後、本当にベッドの上で原稿を書くことは「今はまだ朝。」を書くまでやめました。ベッドって眠るためにある物だから、そこにいたら眠くなるのは当たり前。なのにどうして近くを通るとついダイブしてしまうんでしょうね。○ホイホイみたい。

p.14「わずかな隙間という隙間を見つけて読書をすることができるのが大人なのかもしれない」
その後31歳になりまして、年齢的にはより立派な大人になり、一応隙間で読書をするようにはなったのですが、果たしてそれが「大人」なのかを考えるとまだ遠い目。

p.14「一番避けたいのは読書をしていたら、寝ちゃう」
正直に白状しましょう。読書をしっかりするようになった今もこのくだりは日常で頻発しています。
振り出しに戻りまくり。

p.16「午前中のスーパーへ行くという、時間を有意義に使えているようなこの上ない優越感はなかなかのもの。」

数年後、同じことをまた「今はまだ朝。」でまるで初めて言っているかのように書いているけど、本当に午前中のスーパーが好きらしい。そういえば今週も〝月曜日の午前中〟という午前中のスーパー界のゴールデンタイムのような時間に訪れて悦に浸った。

p.18「おばあちゃんが作ってくれたおにぎり」

代表的なのは塩むすびですが、私の中でかなりセンセーショナル、そして後に大好きになったのが周りに味噌をつけて握る味噌おにぎり。そこから焼きおにぎりにする、というものは居酒屋のメニューで見たことはあるけど、私は焼かない派。あのねっちりした食感がラブい。

p.19「まぁ食べちゃえばなんでも同じ。」

こういう思考回路なので、ずっと同じことを繰り返す。おにぎりに海苔を綺麗に巻けないのも本当に私を表す言動という感じ。ちなみに同じ類として醤油をちょっと小皿に出そうとしてドバッと出してしまったりするのも子供の頃からおなじみの動き。〝ちょうどいい〟ができない。

p.20「自分の書いたものを振り返る行為」

今回の書籍化にあたり、2021年は夏の間ずっと3年分の原稿を読み込んでいました。連載当時は平然と今の自分のありのままを書いていたつもりでしたが、読み返せば読み返すほど、まだまだ尖っている部分があったな、と恥ずかしくなるばかり。1回目からベッドの上で書いた原稿を渡された編集さんの気持ちを考えて欲しいですね、初回の私。

p.21「9時からしか予約が取れなかった」

今でも9時からピラティスに行くことがたまにあるんですが、やっぱり向かう道中が眠い、眠すぎる。あ、来週もじゃん……。どうして9時に予約しちゃうんだろう。いつも次の週の予約をして帰るのですが、ピラティス後ってスッキリしてて気持ちが元気なのでなんでもやれる気がしちゃうからですかね……。元気なのはいいんですが来週の私を少し気にかけてください。

p.33「たまにはのらりくらりとしてもいいのかなぁ」

のらりくらりとは、とらえどころのないという意味ですが、まさしく普段の私とは真逆の様子を表している言葉だ！　とこの当時から、もちろん今でも憧れている言葉です。（今はのらりくらり、の〝のら〟ぐらいは習得できているはず）。実は、このエッセイは初めて何を書いたらいいのかわからなくなり「なんだこのつまらない文章は！！！消す！！！」とひとりで自暴自棄になり書いては消しを繰り返した末に絞り出して書いたものでした。今読み返してもその時の気持ちを思い出して少しもどかしい。この本に収録するかも迷ったけど、紆余曲折の断片として残しておくことにしました。

p.47「ケロリと『やはり日本がいいよねぇ』とか1ヶ月後には思っていたりして。」

ケロリしない。翌年コロナによって世界が様変わりしてしまって、結局あの時の旅行ロスは未だ治らないまま。ロスを無くすには再び旅に出ることしか解決方法がないと思っているけど無理なものは仕方なくて、それならその悲しみの山を試行錯誤しながら少しずつ均していくしかないですな。この時からずっと私に流れる時間はぼんやりと漂流しているように思います。早く旅に出たいなぁ。

p.50「へコんだ。」

5分後に頑張って気持ちを持ち直したものの、やっぱり心のどこかで膨らんでしまった大事な本に少し後ろめたさと愛着を覚えながら読み進めていたら、なんと、ページが飛んでいる！　人生初の落丁本に出会ってしまったのです。無事に交換して、落丁もしていない、膨らんでいない本を手にしました。〝かけがえのない私だけの本〟的な気持ちも少しだけ芽生えていたのでちょっと残念でしたが、交換していただいた綺麗な本で残りの読書時間を満喫しました。貴重な落丁本体験。

p.51「果てしない夢。」
これは本当に夢。80年代のインテリア写真を眺めては憧れが募るばかり。ただ、タイル張りの床ってかなり足冷えそうだな（冷え性です）。

p.52「ひとりご飯メニューってかなり適当」
最近は何を思ってか3回に1回くらいはひとり飯でもちゃんと作る。でも、ひとりで食べる機会がそもそも少ないので、3回に1回ってもはや前回はいつの話って感じです。最近は玄米を炊いて味噌汁と納豆が鉄板です。

p.53「旅行ロス」
旅行ロスという言葉が多発する本です。他にもあと7回は出ています。

p.54「ここ」
ここは、代々木の喫茶ＴＯＭのことでした。惜しくも２０２１年に閉店。ただ！　その後場所を移し復活。歓喜。早く新しいＴＯＭでもジジロアババロア食べたいな。

p.56「おかわりできるシステム」
おかわりしたいこと、しらすの子猫時代。むくむくと大きく育ったので、あの力の入れ方がわからないくらいやわやわな小さいしらすをおかわりしたい。

p.66「この瞬間の気持ちを鮮明に

メモっといて欲しかった……!」

初めての「装苑」の撮影の日、結婚パーティーの日、初めて人前でDJをした日、など。

p.67「何度目かわからない再トライ。」

2021年は元旦から珍しく書き始めて、順調に7月12日まで毎日書いていた。7月13日、お腹が痛くてその記録は途絶えました。2022年になった今もたまにすっ飛ばすけど順調に日記をつけています。大事なのは毎日じゃなくても続けること。

p.69「フラフープ」

運動音痴こと私が唯一できる運動でしたが、現在はピラティスに移行したきりフラフープは物置へ……でもいつだって回せる自信はあります。

p.72「髪型を変えることじゃなくても、続けてきたことをやめることって今まで培ってきた自分が壊れそうですごく怖いと常々思う。」

レストランでも同じメニューを頼み続ける系人間の私がパーマをかけたのは大事件でした。ここからメイクをすることにもハマり、何かの階段を登り始めている気配。しかし、こんなにパーマに浮かれていたのに、このあとすぐにまた髪型チェンジ。薄情者感があります。

p.74「何年後かはわからないけど」

嘘だよ、すぐだよ。3ヶ月後。

p.75「人生何が起きるかわからない」

小心者なのによくやったで賞

p.76「家を出る準備をしながらも髪型検索の鬼と化した私。」

気になることがあるともう他のことが疎かになりそうなくらい調べる。それ今やらなくてもいいのに。

p.114「私は隙間が苦手なので

は？」

1年やってみて、衝撃のオチにたどり着いた気がします。だろうな？　とすぐに思ったけど。しかし、この事実が発覚したので以後連載タイトルが変わったわけではありません。

p.124「私は元来お調子者なので」

自分ではそう思って疑わない。そして、お調子者であることは周りにバレてないとも思っている。今でも。

p.125『ねにもつタイプ』

大好きな岸本佐知子さんの作品で初めて読んだのがこちらでした。私ももれなく根に持つタイプなのですが、これを読んでから根に持つことをまぁいいかと思えるようになりました。ありがたい一冊です。

p.125「どんなものかも確認せずにダッシュでひとり乗り込んでしまった。」

小心者な現在の私としては、到底信じ難い幼少期のエピソードです。でもそうか、私お調子者なんだった。

p.171「今ダントツで美味しかった蒸し食材」

数ヶ月後、ベーグルに王座を明け渡すことに。蒸したベーグルってもちもちエンドレスで感動的です。

p.174「本当に終わらせ方がわからない。」

終わらせ方もわからないし始まり方もわからない（「はじめに」参照）。

p.176「なぜか最後にスマホのメモの内容を突然公開して終わろうとしている。」

未だになぜこの展開にしたのか自分でも謎。終わらせ方についていろんなことを考えすぎて大幅に道を逸れました。

おわりに

「連載が終わったら、この文章たちを本にしませんか」と編集の方から提案してもらったとき、そんな先のことなんてわからないと思ったのが正直な感想でした。当時27歳、結婚したばかりで、仕事の方もどんどん挑戦できることが増えて、目の前のことに全力でバットをフルスイングするような気持ちで人生を突き進んでいました。

そんな数歩先のことで頭が一杯の私が遥か遠くの未来のことを考えられるわけがない。

ただ、自分の本が出ることは夢のまた夢と思っていたので、嬉しさで飛んで行ってしまいそうだった。直感の自分がそう思うのならばやってみるしかない。とはいえ、私の性格は今まで何度もうんざりしてきたほどのド真面目。本を出すということをいろんな方向から考えました。これが人生で最初で最後の機会かもしれないこと、20代最後の数年を記録するものになるということ。本という物体は、私が本を通して出会った素敵な人たちがいるように、数十年後に初めて今の私と出会う人が未来にいるという機会を与えてくれるかもしれないこと。そうだ、子供を産むかもしれない。じゃあその過程を記録する？　それとも母親になる前の自分を最後に残しておくものにする？　そんなことも考えました。本を出すという一つのことをきっかけにぐんと自分のまだ見ぬ未来を考えてしまった。結果、先のことは何も決められなかったし、決めたくないなぁというのが私の答えだったと思います。

31歳になった今、変わらずバットをフルスイングしているし、母親になるかもわからない。あの時に瞬間的に浮かんだことには何も該当していないけれど、このなんでもなかったりあったりする3年間の文章たちは私が振り返った時に「まぁこの調子で大丈夫かぁ」と根拠はないけどなぜかそう思える日々の標みたいなものになった気がします。計画性がありそうに見えて、でも行き当たりばったり。そんな私の日々はこれからもまだまだ続く。

ここに掲載した文章も、ウェブ上の海にボトルメールのように流した文章たちも、全てが私の分身です。そんな存在たちを生み出すきっかけやたくさんの人の目に触れる機会を与えてくれた岩崎阿沙子さん、服部多圭子さんをはじめとしたNAOT JAPANの皆さん。私の憧れや理想をさらに昇華させてくれ、素晴らしい装丁を手掛けてくださった祖父江慎さん、藤井瑶さん。何かを生み出す者として、とても学びのある時間を過ごしながら、温かい気持ちでこの本を作ることが出来たのは皆さんのおかげです。そして、インタビューを担当してくれた馬場智子さんは長年の友人でもあります。彼女が聞き手でなければ話せなかったこともたくさんありました。ありがとうございました。

いつもドタバタコメディ的な私の日々を見守り支えてくれている

愛すべき家族やマネージャー。世界で一番の猫しらす。心配性な私に「大丈夫だよ」といつも背中をさすってくれる友人や見守ってくれている方々、この本を手に取ってくださったあなたへ。心からの感謝を贈ります。

2022年　まもなく桜が咲きそうな春から、様々な季節へ

小谷実由

小谷実由（おたに・みゆ）
１９９１年東京生まれ。14歳からモデルとして活動を始める。自分の好きなものを発信することが誰かの日々の小さなきっかけになることを願いながら、エッセイの執筆、ブランドとのコラボレーションなども取り組む。猫と純喫茶が好き。通称・おみゆ。

◇本エッセイは、NAOT JAPANオフィシャルサイト2018年10月〜2021年9月に掲載された原稿に加筆・訂正したものです。
◇書き下ろし　しらす／隙間時間エクストラ／ピアス／書くこと　◇インタビュー【隙間譚】は、2021年3月に収録したものです。

隙間時間

2022年7月29日　初版発行

著者　小谷実由　発行者　宮川敦　編集　服部多圭子
岩崎阿沙子　発行・発売　ループ舎　〒630-8385　奈良県奈良市芝突抜町8-1　TEL 0742-93-7786　FAX 0742-90-1444　印刷・製本　株式会社シナノ　ブックデザイン　祖父江慎＋藤井瑶（cozfish）　写真　小谷実由　島田大介

ISBN 978-4-9909782-7-3 C0095　www.loopsha.jp